在家也能享受野炊的滋味

幸福燒烤

高傑　編著

前言

　　提起燒烤，總是帶着一股子熱烈的勁頭，它最大限度挑逗着人們的味蕾，不管是肉、海鮮，還是蔬菜和水果，燒烤幾乎無所不能，辣味的、甜味的、鹹味的……總有一樣是你的最愛。

　　很多人喜歡吃燒烤，卻難免暗自糾結，因為覺得燒烤不是健康飲食的首選，比如食物在燒烤過程中容易產生致癌物等。其實，現在的燒烤已經不限於用炭火了，還可以用焗爐、電餅鐺、微波爐等廚具烘烤，並且通過食物的配搭、火侯的掌握，以及一些烹飪技巧的應用，能夠提供更健康的燒烤，大大滿足口腹之慾。

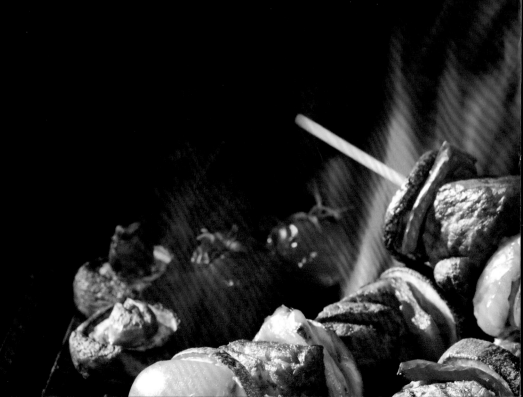

並且，對於燒烤，你完全可以當作一種休閒方式，當作對緊張生活的調劑，常作聯絡情感的手段，可以假日在家裏進行，也可以到野外聯歡……如果天天吃，反而沒了那種感覺，偶爾來那麼一餐，才顯得別具一格。這也是我們主張的燒烤態度。

　　本書介紹了一系列讓人着迷的特色燒烤，精選了上等好肉和健康蔬果，配以實際操作中拍攝的步驟圖，還提供了使用不同廚具的烹飪方式，給你最實用的指導和最真實的口感描述。特此奉獻給所有熱愛燒烤的人，豐富你的燒烤經驗。

目錄

PART 1
美味燒烤預備攻略

PART 2 肉類燒烤
油滋溢香的歡樂盛宴

🔥 羊肉

🔥 鴨肉

PART 3 水產類燒烤
鮮美與爽嫩的激情碰撞

🔥 魚類

🔥 蝦類

🔥 其他類

PART 4 蔬果類燒烤
鮮香多汁的清新滋味

🔥 蔬菜類

🔥 水果類

🔥 堅果類

PART 5 主食類燒烤
噴香強體的美味

PART 1
美味燒烤預備攻略

烤肉必須會
『挑食』

　　「無肉不歡」，這話一點兒都不錯，因為這是人類從「草食」走向「肉食」漫長進化的結果。我們的祖先意識到吃肉會讓身體更有力量，因此人類開始學會狩獵，而狩獵需要精心策劃，又因此刺激了人類智力的開發。可以說，對肉食的渴望是人類天性使然。而且，肉的美妙滋味會促使大腦分泌安多酚，傳遞興奮和開心，所以吃肉也可能吃出戀愛的幸福感。

　　然而，在健康風潮盛行的當下，我們有點兒不敢吃肉了，怕吃多了長胖，更怕吃出「三高」。在食物並不匱乏的今天，如果吃僅僅是為了果腹，那麼人跟魚還有什麼區別呢？所以，吃出幸福和健康才是對食物最大的禮讚。就讓我們愉快地吃肉吧！

🔥 烤豬肉是完美燒烤的標配

豬肉中適宜燒烤的部位有許多,其中又以肋排、五花肉、豬皮為冠。

五花肉

豬身上最誘人的部分,肥瘦相間,脂肪較多,口感極佳,也是豬身上最嫩、最多汁的代表部位。

豬皮

很普通,卻是燒烤中的經典款,加點孜然和辣椒粉,烤起來滋滋冒點油花兒、微卷,吃起來很有嚼勁。一頓燒烤如果沒吃上一兩串烤豬皮,都會覺得缺點兒什麼。

肋排

胸腔部位的片狀排骨,肉質具有嫩、薄、肥瘦相間等特點。在燒烤過程中,油脂會滲進瘦肉中,使肉質豐潤焦脆。肋排的骨頭除了起到支撐的作用,還會散發出誘人的香氣。

▊ 豬肉的營養

豬肉不僅滋味鮮美,還含有蛋白質、骨膠原、脂肪、磷酸鈣及鐵等營養成分。可為人體提供優質蛋白質和脂肪酸,還可提供有機鐵和促進鐵吸收的半胱氨酸,從而改善缺鐵性貧血。此外,豬肉具有滋陰潤燥、補虛養血及美容嫩膚等功效,適用於氣血兩虧、身體羸弱的人群。

▊ 豬肉的選購

新鮮的豬肉鮮嫩紅潤,切斷面稍濕,呈淡紅色,富有光澤;肉質緊密,既有彈性又不黏手;無異味。豬肋排最好選擇骨頭大小適中、肉量均衡的;而五花肉則要挑選三層肉分明的規整肉塊;豬皮要選皮白有光澤,毛孔細而深,去毛徹底,無殘留毛根,無皮傷,皮下去脂乾淨的。

🔥 讓人欲罷不能的烤牛肉

我們都有着一顆熱愛烤牛肉的心，然而要想掌握烤製牛肉的手藝，首先要弄清楚牛肉哪個部位最適合燒烤。

肋排　　　　　　　　　　　　菲力牛排

最先推薦的是肉嫩質軟的肋排、菲力牛排、牛上腦等，只要火侯掌握得當，就能烤出口感柔嫩的肉排。其次是牛後腹肉排、裙帶牛排，這兩種都是橫肌牛排，肉非常瘦，油脂很少，燒烤的難度較大，但因其味美，所以是人們喜歡的燒烤之選。

牛上腦

牛上腦是指牛後頸部位至前脊椎上部的肉，也是牛身上最為肥嫩的部分。其脂肪層交錯均衡，非常適合燒烤。

牛後腹肉排

裙帶牛排

▊ 牛肉的營養

　　牛肉富含蛋白質、鐵及多種維他命。常食牛肉，能增強體質，提高免疫力，還有助於促進新陳代謝。

　　牛肉中的優質蛋白質是肌肉的燃料之源，可以增強體力。如果你正處於發育期，那麼就應該多攝取牛肉。女性在冬季吃牛肉，有暖胃的作用，還能緩解經期的倦意。

▊ 牛肉的選購

　　挑選牛肉需在外觀、色澤和氣味方面判別品質。新鮮牛肉表面微乾或有風乾膜，觸摸時不黏手，聞起來也沒有酸臭味；肉質要有紅潤的光澤，肌理應均勻。

　　如果是挑選牛肋排，則要檢查脂肪的顏色，若為奶油色或白色，說明牛肉是新鮮的。如果肉質色暗無光澤，脂肪的顏色也發暗，則提醒我們——這是牛肉變質的徵兆。

　　此外，手感也很重要，新鮮的牛肉很有彈性，用手指按壓後會立即復原，肉質濕潤，但無黏手感；而不新鮮的牛肉按壓後不能復原，並帶有明顯的黏手感。

🔥 絕對不能錯過烤羊肉

烤全羊

人們在戶外晚會上可能會選擇烤全羊，這種豪氣的烹法能烘托出歡樂自由的氛圍。

連骨肉

通常我們在餐盤中盛放的羊排並不一定是肋排，可能是其他部位的連骨肉，但也同樣不失美味。

羊脆骨

肋條適宜許多種烹法，如生扒、醬燜、紅燒等，但這些烹法全不及烤製經典。烤出來的羊排，香氣撲鼻、鮮嫩誘人、口感鬆軟，是無與倫比的燒烤美食。

羊肋排

在室內的宴會中則更偏愛於烤羊腿、羊肉、羊板筋，以及羊身上最美味的部位 —— 羊肋排。羊肋排上的肉叫肋條。

▮▪ 羊肉的營養

　　羊肉不僅美味，還能驅寒養胃、補氣養血，具有溫補之效，因此人們常在冬季食用。舉例來說，在天冷時容易手腳冰冷的女性，整天腰膝乏力的男性，以及體虛貧血的老人和小孩，均可通過補充羊肉來調理體質。

▮▪ 羊肉的選購

　　羊肉的鑒別和牛肉類似，可以用同樣的方法。首先，外觀是否完整很重要。羊肉上有一層薄膜，肌理色鮮，富有光澤，而脂肪層應為白色，若脂肪層發黃則說明肉不夠鮮；在觸感上，濕潤而不黏手的羊肉為佳，若黏手則有變質之嫌。在此基礎上，選購羊肋排時，肉質要選肥瘦相間的，如此才適宜燒烤。

🔥 烤雞整隻分拆兩相宜

　　雞是世界上主要的食用家禽之一，具有肉質鮮嫩、口感細膩以及烹法眾多的優點。雞胸肉、雞腿、雞翼乃至雞內臟，全都可以食用。雞的體積小巧，適宜整隻烹製。就燒烤之法來說，除了烤全雞，烤雞翼、烤雞腿、烤雞排等也擁有眾多喜好者。

烤全雞

烤雞翼

烤雞腿

烤雞排

▮▪ 雞肉的營養

　　雞肉最大的特點是脂肪含量較低（雞皮除外），且富含蛋白質及磷脂等營養元素。由於雞肉質地細嫩，很容易消化，因此很適合體虛的人食用。

▮▪ 雞肉的選購

　　挑選雞肉，首先要分清雞的品種，市面上的雞大致可分為走地雞、野山雞和肉雞。農家養的走地雞是首選，肉質較為鮮美；肉雞是菜市場的常見品種，肉質肥而鬆，且缺少雞味；野山雞肉質緊實，野味十足，但價格較高。

烤海鮮重點
在『鮮』

　　一頓完美的燒烤當然少不了海鮮，烤蝦、烤魷魚、烤鱸魚、烤生蠔……似乎也沒有什麼海鮮是不能烤的。烤海鮮重點在「鮮」，除了本身食材的新鮮之外，海鮮的處理也是不容小覷的，海鮮處理不好會嚴重影響味道。

🔥 蝦的處理

　　烤大蝦去不去蝦殼都可以，請根據自己的烹調方式決定。

　　常見製法為：

1　將大蝦的鬚、腳剪去。
2　沿蝦背切出一個深槽。
3　剔出蝦腸。
4　將大蝦像書一樣展開。

❶　　　　　❷　　　　　❸　　　　　❹

🔥 魚的處理

烤魚最忌魚皮黏連，導致皮焦肉碎。

常見製法為：

1　烤製前，將魚身內外都用活水洗淨，瀝乾水分，用廚房紙巾吸乾水分。

2　在魚身兩側分別斜刀劃三個深抵魚骨的切口。

3　用植物油潤抹魚身，再在烤架上抹一層油，以防魚肉黏連在烤架上。

🔥 貝類的處理

蜆

放置於清水中，撒入適量鹽，用鹽水浸泡2小時左右，幫助吐乾淨泥沙。

鮑魚

用清水浸泡鮑魚，再用小刀切斷鮑魚肉和貝殼相連的貝柱，去掉黑色的內臟，用刷子把鮑魚刷乾淨即可。

扇貝

先用清水沖洗一下貝殼上的泥沙。用小刀伸進貝殼，將貝殼一開為二，用刀將貝肉的內臟，也就是看上去黑乎乎的東西去除。

生蠔

用牙刷把殼全部刷乾淨，再用加了鹽的淨水泡生蠔，最好在鹽水裏放半個檸檬汁和擠過汁的檸皮，這樣既可以去沙，也可以去腥。

17

適合燒烤的素食，
葷素配搭更健康

燒烤不僅限於肉類，事實上，許多瓜果葉菜類食材都適合烤製，其美味程度與肉食相比也毫不遜色，甚至更讓人垂涎。而且蔬菜還能提升一餐的營養價值。

🔥 蔬菜的營養

1　新鮮蔬菜的含水量在 90％以上，含水量多少是蔬菜鮮嫩程度的標誌。

2　綠色、橙色蔬菜中含有較多的胡蘿蔔素、維他命 C、維他命 B_2 及葉酸。

3　蔬菜是礦物質的重要來源，其中綠葉蔬菜中的含量尤為豐富。

4　各種蔬菜都含有豐富的膳食纖維，有促進腸道蠕動、降低膽固醇和改善糖代謝等作用。

南瓜

南瓜營養豐富、味道甘甜，十分適合燒烤。南瓜個頭兒很大，果皮較厚，料理前要先削皮，再切成片狀或塊狀。由於熟透的南瓜會變軟，烤製前應刷上植物油，以防黏連。

蘆筍

蘆筍是一種美觀而可口的蔬菜。燒烤後的蘆筍風味獨特，質地柔嫩，能為一片煙熏火烤的烤架帶來一絲盈盈綠意。

茄子

茄子不僅能涼拌、燜燒，還很適合燒烤。無論是烤細長的整個茄子，還是切成片，都不需要削皮。烤整個茄子時，表皮可能會烤焦，熟的茄肉會變軟，只要撕去表皮就能開來吃。

甜椒

常見的甜椒有黃色、紅色、綠色等，也都是燒烤中的「常客」。烤甜椒的方式與烤茄子類似，待其烤好後再除掉果皮和籽即可。如甜椒的果皮尚未烤焦，則無須去皮。

綠葉菜

適合燒烤的綠葉菜有韭菜、苦菊、芫茜等，通常需用高火烤製，但是不能烤焦。只要稍加練習，就能把握好火侯。

菌菇

適宜直接烤製的菌類有冬菇、蘑菇、金針菇、草菇等。其中蘑菇多見於韓式燒烤；金針菇多用於混烤；而冬菇在各種燒烤場合均會出現，如串烤、爐烤及用燒烤夾烤製等。

醬料——
燒烤的好拍擋

醬料是檢驗燒烤技術的試金石，甚至可以說，讓燒烤好吃的秘訣就在於醬料。燒烤的醬料可以分為兩種，市售醬料和 DIY 自製醬料。若按具體做法分，又可分成醃製、刷抹和蘸食等三類。

我們需根據不同的食材，調製不同的醬料。有一部分食材與它們的醬料關係緊密，屬約定俗成的固定配搭，例如：孜然＋羊肉串，蜜汁＋雞翼，椒鹽＋雞皮，大蒜醬＋烤麵包……當然，我們也可以利用不同的材料和調料，隨意調配出不同款的創新醬料，例如：市售燒烤醬＋芥末醬＋檸檬汁，羅勒＋番茄醬＋黑橄欖等。

既然烤肉醬料是味道的關鍵，而市售烤肉醬又總是缺乏獨特的感覺，就讓我們從基礎醬的調製方法慢慢學起。

蜂蜜
調味、提鮮，為食材表皮增加色澤，使味型、賣相更誘人。

麥芽糖
作用跟蜂蜜相似，更適宜被當成物美價廉的甜味劑來使用，如代替砂糖來增加甜度。

檸檬汁
檸檬汁具有畫龍點睛般的調和作用，可使多種意想不到的醬料完美組合起來，如沙拉醬＋芥末醬＋檸檬汁、燒烤醬＋蜂蜜＋檸檬汁等，許多味型豐富甚至是經典味道的醬料中都用到了檸檬汁。

孜然粉

孜然粉氣味芳香濃烈，由小茴香、八角、桂皮等香料磨製後調配而成，乃是燒烤食物必備的美味調料，常用於烤製羊肉、雞翼等。

辣椒粉

既可與其他調料混合製成複合調料，也可直接撒在烤好的食物上。

花椒粉

具有濃郁的香麻味，燒烤肉製品時加入花椒粉可以去腥增香。

黑胡椒粉

黑胡椒的辛辣芳香之味較白胡椒為重，因此常用於燒烤肉製品。

小茴香

可以去除肉類的異味。小茴香可與其他調料配合使用，如花椒粉、月桂葉、辣椒等。

醬油

可分為老抽、生抽、淡醬油等品種。無論是燒烤前準備燒烤醬，烤製過程中刷抹醬汁，還是烤完後調個蘸碟，每一個步驟都有可能用到醬油。

牛油

燒烤食材時經常會用到牛油，如替代橄欖油塗在肉製品上。此外，燒烤醬料的配方裏也有牛油的身影。

蠔油

素有「海底牛奶」之稱。在創新燒烤中，經常用到蠔油。

魚露

由魚類及蝦類為原料熬製而成，滋味極為鮮美。在烤製蔬菜時，可在自製醬料中加入魚露，用以提鮮。

芥末醬

歐洲人喜歡拿芥末醬作為烤牛肉的醬料，亞洲人則喜歡將芥末醬與其他調料（如番茄醬、蜂蜜、蛋黃醬等）製成多種複合醬料，用於烤製、蘸食各種烤物。

大蒜

可以去除腥味、幫助消化。韓國人喜歡在吃烤五花肉時夾上蒜片，或者蘸上蒜蓉辣醬佐食。

🔥 自製經典燒烤醬料

日式照燒醬

照燒醬是一種口感濃郁的醬料，適宜與味道清淡的食材配搭。此外，除了燒烤以外，照燒醬還適宜炒、煎、澆汁等烹法，風味俱佳。

材料

清酒、醬油各 3 湯匙，料酒、蠔油、白糖各 2 湯匙。

做法

1 將醬油、清酒、蠔油、料酒和白糖放入鍋內。

2 用大火煮沸，轉為中火，煮 5 分鐘，待醬料變成濃漿狀，離火。

3 待鍋冷卻後即為調味醬。用不完的部分密封起來，放入冰箱保存。

注

1 湯匙固體調料＝ 15 克；1 湯匙液體調料＝ 15 毫升
1 茶匙固體調料＝ 5 克；1 茶匙液體調料＝ 5 毫升

蜜汁燒烤醬

材料

蜂蜜 3 湯匙，市售烤肉醬 2 湯匙，檸檬汁、麥芽糖各 1 湯匙。

做法

1　將蜂蜜、烤肉醬、麥芽糖放入容器中調勻。

2　滴入檸檬汁攪勻即可。

這款燒烤醬不適宜刷得太早，底味要在上烤架之前調好，此款醬料除了為美味加分，還具有上色的功用。

蒜香燒烤醬

添加大蒜後,可增進食慾。辣椒醬的加入使口味變得辛辣,口感變得更豐富。蒜香燒烤醬是燒烤類食物不可缺少的醬料之一。

材料

新鮮蒜末、辣椒醬各 2 湯匙,市售烤肉醬 3 湯匙,牛油、白醋、檸檬汁各 1 湯匙。

做法

1 平底鍋置於火上加熱,放入牛油溶化。
2 放入新鮮蒜末、辣椒醬炒熟後,關火。
3 加入市售烤肉醬、白醋、檸檬汁,利用鍋裏的餘溫攪勻即可。

黑胡椒燒烤醬

材料

市售燒烤醬 3 湯匙，蠔油、橄欖油各 2 湯匙，黑胡椒 1 湯匙，洋葱末、新鮮蒜末各 2 茶匙。

做法

1　將平底鍋燒熱，倒入橄欖油，放入新鮮蒜末、洋葱末炒出香味，關火。

2　將黑胡椒磨碎撒入鍋內。

3　倒入燒烤醬、蠔油，利用鍋內的餘溫炒勻即可。

黑胡椒會很搶風頭，只要有它在，便會有喧賓奪主的氣勢。黑胡椒燒烤醬風味獨特，氣味濃郁，還能去腥提香。除了燒烤之外，作為蘸料也很不錯。

25

咖喱牛油醬

 ❶  ❷  ❸

材料

牛油4茶匙，葱末、新鮮蒜末各3湯匙，咖喱粉2茶匙。

做法

1 平底鍋預熱，加入2茶匙牛油，用中火燒化，加入葱末、蒜末、咖喱粉，徹底拌勻。

2 待葱末變軟後，離火冷卻。

3 將剩餘的牛油放入攪拌器內，攪成糊狀，加入炒好的咖喱醬攪勻即可。

咖喱牛油醬可作為存放於冰箱內的常備醬料。此款醬料適合與海鮮、牛肉等食材配搭燉煮，同時也是一款極好的燒烤醬。

蒙古烤肉醬

材料

花生碎 75 克，醬油 3 湯匙，米酒 2 湯匙，蠔油、沙茶醬各 1 湯匙，白芝麻、白糖各 1 茶匙。

做法

1 平底鍋預熱，下入白芝麻、花生碎焙香。
2 依次加入白糖、蠔油、沙茶醬、醬油、米酒和 2 湯匙白開水，拌勻即可。

蒙古風味的烤肉醬頗有幾分草原兒女的豪氣，口感濃烈豐潤，能夠去除肉的腥羶味。

韓式烤肉醬

韓式烤肉醬以色濃味香著稱，最適合用於烤製五花肉、肋條肉以及牛肉等。韓式醬料看上去材料繁複，實則簡單易煮。

材料

辣椒醬 5 湯匙，洋葱 35 克，山東大醬、白糖、醬油各 2 湯匙，梨 1/2 個，大蒜、生薑各 25 克，清酒 1 湯匙，白芝麻、胡椒粉、麻油各 1 茶匙。

做法

1 將大蒜、生薑、洋葱、梨處理完後放入攪拌機內打成蓉，倒入調盆內待用。

2 湯鍋置於火上，倒入適量清水煮沸，加入辣椒醬、大醬、醬油、清酒、白糖和胡椒粉，轉為小火熬至濃稠，倒入步驟 1 中的調盆內，加入麻油、白芝麻攪勻即可。

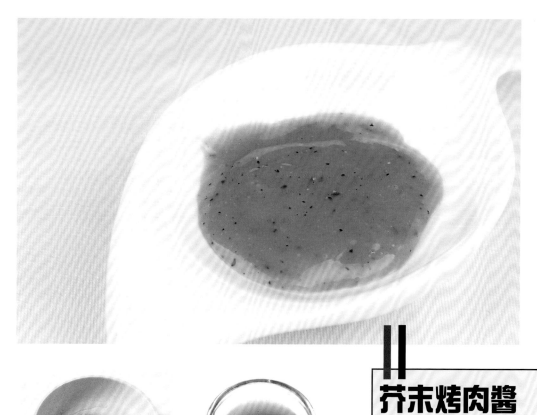

芥末烤肉醬

材料

芥末醬 4 湯匙，蜂蜜 2 湯匙，黃砂糖、白醋、鹽、黑胡椒粉各 1 湯匙。

做法

1　將白醋、芥末醬、蜂蜜、黃砂糖全部倒入平底鍋內，攪勻。

2　蓋上鍋蓋，用小火煮沸，燉煮 5 分鐘，期間不斷攪拌，離火。加入鹽、黑胡椒粉攪勻即可。

> 不得不說，將芥末融入燒烤中是一個偉大的創意。芥末很具刺激性，卻又能與其他調料很好地配搭。它能使海鮮、肉類等原味很重的食材變成清新爽口的美味。

傻瓜烤肉香料

❶　　❷

此款香料製法簡單,香料常見,屬烤肉香料中的初級之選。只需要幾分鐘,利用手邊的調料就能做好。適合製作肉類和海鮮。

材料

孜然粉2湯匙,黑胡椒粉、生薑粉各1湯匙,肉桂粉、丁香粉、豆蔻粉各1茶匙。

做法

1　將孜然粉、黑胡椒粉、生薑粉、肉桂粉、丁香粉和豆蔻粉倒進玻璃罐裏。

2　擰上蓋子,用手搖罐子,使所有調料混勻即可。

土耳其烤肉擦料

材料

孜然 3 湯匙，黑胡椒粉 1 湯匙，生薑粉 1 茶匙，月桂葉 2 片，肉桂棒 1 個，豆蔻 1/2 個，丁香碎少許。

做法

1　將孜然、黑胡椒粉、生薑粉、肉桂棒、豆蔻、月桂葉和丁香碎放入平底鍋內，焙出香味，烤製均勻，盛入碗中，待其冷卻。

2　將所有香料研碎，碾成細粉，裝入罐中保存即可。

土耳其的烤肉及香料世界聞名，其中加入孜然、肉桂棒等香料的擦料是最常見的形式，具有豐富濃郁的芬芳香味。

31

不可不知的健康原則

烤肉雖然美味，但是人們總對烤物存有幾分顧慮。比如，燒烤吃多了真的致癌嗎？其實，只要吃得講究，口福和健康也並非不可兼得。不妨多參考如下所示的模範燒烤秘訣，儘量避免走進燒烤誤區。

🔥 模範燒烤示範

▌▌ 示範一：鎖住肉汁和營養

將牛排、羊肋排、魚等食材先煎一下再烤，是為了鎖住裏面美味的肉汁。但也不可久煎，煎老了不僅影響口感，還會讓營養流失。

燒烤醬的醬汁黏稠，也可以鎖住肉中的汁水，鎖住水分也就留住了鮮嫩好滋味。

▌▌ 示範二：掌握完美成熟度

焗爐、微波爐和電餅鐺等，只需參考標準化的時間和溫度即可，相比炭火燒烤要容易掌握。實際燒烤時，可依個人喜好的生熟度做出調整。若一次性烤製較多肉食，則需自行增加燒烤時間。

▌▌ 示範三：看準季節選食材

菜譜是死的，過日子卻需要靈活一點。若市面上買不到菜譜所寫的食材，或家裏有人戒口，不要緊，可以變換一下食材。例如想烤一道肥牛金針菇，但一時買不到肥牛，就可將肥牛替換為煙肉，同樣美味。只要食材不相忌，均可任意配搭。

作為輔料的蔬菜可以根據自己的喜好替換，例如蘆筍、翠肉瓜、南瓜、茄子等。

▌▌ 示範四：保持烤具的清潔

焗爐的每個角落都要保持乾淨衛生，包括烤盤、烤架等，每次使用後都需清洗乾淨。竹籤、燒烤針、牙籤等廚具，提前用水浸泡可以起到滅菌的作用，也能防止烤焦。

使用錫紙可以減輕刷洗烤盤的困擾，但錫紙也不是萬能的。例如烤製鯽魚時，魚皮上的油分四周飛濺，取出烤物後務必要抹淨，以免風扇堵塞。

▌▌ 示範五：醃製時間因材制宜

　　如果想讓牛肉、羊肉、雞肉等食材更入味，可前一晚就先將肉醃好放進冰箱，第二天取出直接放進焗爐即可。值得一提的是，醃製牛仔骨肉前，要用手將醃料以類似按摩的手法抓拌一下，這樣有利於入味。

　　魚肉、蝦肉等水產類食材則不宜醃製太長時間，否則鮮美的滋味會流失大半，略醃片刻即烤。醃製魚肉時，醃料要在魚身上塗抹均勻，醃製時一定要翻一次面，這樣才能使魚均勻地入味。

烤魚之前先將魚身塗勻醬料，然後用保鮮紙覆蓋好，放冰箱保存，烤的時候取出即可。

🔥 千萬別這樣烤

錯誤一：烤焦一點才香

　　我們在燒烤中所提到的「烤焦一點」，指的是比收緊醬料後更老一點的外層皮或肉，也可以算是略焦。這跟「烤焦」是不可同日而語的。吃下烤焦的食物的確可能致癌。凡是體積大或不易熟的食材，均需切成易熟的小塊進行烤製，以免外焦裏生。烤得焦黑的食物沒有任何益處。

牙籤在燒烤中是經常用到的工具，比如穿蔬菜卷等，使用前先用清水浸泡一下，可防止一烤就焦。

錯誤二：醬料要儘量多

　　醬料和鹽要點到即止，放太多可能會過鹹。眾所周知，吃得太鹹對身體沒好處。生蠔和蔬菜不需要太多調味品，只需用鹽、橄欖油調味就很美味。如果是烤給小朋友吃，可以不放辣椒粉，只放少許孜然粉和鹽即可。

肥肉中含有豬的油脂，煸出或烤出這種豬油的食物會很香，讓人食慾大開，但是會增加患「三高」的風險。

■■ 錯誤三：肥肉多的肉好

　　江湖傳言，不論烤肉還是炒回鍋肉類的菜餚，都要挑有肥有瘦的五花類肉品才香。但是對於長期被肥胖、「三高」等病症困擾的現代人來說，吃得健康才最重要。烤肉也最好選用肥瘦適中的肉品，特別是「三高」患者，儘量少吃或不吃肥肉。

■■ 錯誤四：炭火才算燒烤

　　有人說「羊肉串還是炭火烤的香」。其實，炭火烤羊肉串在美味的同時還很考驗廚藝。而使用焗爐，只需按照既定的步驟和時間，就能烤出大廚的水準。吃炭烤肉只是比較有氣氛，味道上並不見得比電烤出眾，況且炭烤不利於健康。

■■ 錯誤五：烤物是一次性食品

　　許多人覺得烤物是一次性食品，烤熟後吃不完只能扔掉。事實上，烤完的肉品若沒有吃完，可以用保鮮袋裝起來，放進冰箱冷凍室速凍起來，下頓飯取出來蒸熱即可。只要存放合理，在短時間內吃完就不會有什麼大問題。

玩轉廚具，烤出趣味

　　自從有了焗爐、電烤爐、微波爐及電餅鐺等現代化廚具後，在家做燒烤已成為一種很輕鬆的烹飪方法，而且更具創造性和趣味性。

🔥 焗爐實用燒烤技巧

■ 不同的焗爐功率不同

　　一般來說，嵌入式的大焗爐功率較大；而體積較小的焗爐則功率較小。由於每戶人家的焗爐功率有所不同，因此本書所給出的烤製時間僅供參考。

■ 與炭火烤的不同之處

　　使用焗爐烤製肉製品一般只需翻一次面，這樣可以最大限度地保持肉質本身的濕度。而炭火烤則需頻繁翻面。

■ 關於預熱功能

　　烤製食材前，先進行預熱是為了提前達到所需溫度，以便精確計量燒烤時間。此外，在烤體積較大的食材（如全隻雞）時，若不將焗爐預熱，烤出的成品可能會受熱不均勻。

■ 注意烤盤、烤架的維護

　　每次使用烤盤、烤架後，都要徹底刷淨，同時保持箱內清潔。可在焗烤食物時在烤盤底部灑一點水，這樣可以對烤盤起到保護作用。

🔥 電烤爐實用燒烤技巧

▋ 使用後及時清理

使用烤板、接油託盤要及時清洗，保持電烤爐的衛生。

▋ 讓油脂自然滴落

電烤爐屬直燒式烤法，烤肉的油脂會自然滴落，不會讓油質反復浸潤，因此烤出的肉所含油脂較少，更健康。

▋ 食客多時全靠它

家裏客人多時，靠燒烤架或焗爐實在太慢！客人都快餓扁了，這邊炭火還沒調整好，那邊焗爐還沒預熱完，豈不失禮於人？電烤爐可以即時起熱，隨時燒烤，特別適合在多人聚會上使用。

🔥 微波爐實用燒烤技巧

▋ 烤製時間短

微波爐的功率很強，烹製時間較短，因此烤製的時間應根據家中微波爐的功率做相應調整。切成塊、條或件狀的肉食，8~10 分鐘即熟。

▋ 燒烤前期準備

個別燒烤菜餚，烤製前要先蒸熟，如番薯、南瓜、馬鈴薯等。將此類食材裝入保鮮袋中，放進微波爐裏加熱，10 分鐘後即可得到軟糯的番薯泥、南瓜泥，非常便捷。

▋ 清潔需竅門

微波爐是完全密閉的，因此若內壁不潔，細菌也會與食物「共處一倉」。為了避免異味或細菌污染，要定期清理內壁。將醋水或檸檬汁放進爐內加熱，然後用百潔布輕輕擦淨污垢。

🔥 電餅鐺實用燒烤技巧

▌▪ 靈活掌控溫度

許多電餅鐺的溫度無法調節，為避免把食物煎焦，可在鐺底過熱時稍微關一下，利用餘溫慢煎。煎製皮層易碎的食材時火力可以調大一些，反之可用中小火慢慢煎烤。

▌▪ 食材不能過大

用電餅鐺煎烤的食材，不可切得太厚，因為餅鐺合上後空間高度有限。煎魚和蔬菜時可不用合上上層蓋子，將之當作電烤爐一樣使用；煎製雞翼等整物時，需事先用燒烤針或竹籤在翼身上刺幾個孔，以便裹外均勻受熱。

▌▪ 斷電後稍安勿「動」

刷洗電餅鐺之前，待斷電後稍冷卻，再用濕抹布擦拭乾淨即可，以免燒熱的餅鐺燙傷手。

野外的燒烤狂歡

🔥 實戰物資準備

食材　肉類、蔬果、主食等。

飲料　礦泉水、汽水、奶製品等。

調料　燒烤醬、孜然粉、辣椒粉、黑胡椒粉、鹽、植物油、蜂蜜、番茄醬等。

燒烤爐　爐身、燒烤針、燒烤架。

燒烤爐用具　鋼炭、鋼炭夾、點火噴槍、吹風機、食品鉗、燒烤夾、調料刷子、鋼絲刷等。

野餐裝備　瑞士軍刀、野餐布、垃圾袋等，戶外野餐時切割食物、就餐、裝垃圾等。

餐具　不銹鋼刀叉、牙籤、保鮮盒、不銹鋼調盆、盤子等。

小型滅火器　車載型、單購均可，以備不時之需。

🔥 現場作戰指導

　　在野外燒烤需要帶着以上列舉出的那麼多東西嗎？答案是確定、一定以及肯定。而且像燒烤這種有一定危險性的戶外活動，還有一些注意事項要了然於心。

▋▆ 保證食材的潔淨

在戶外，儘量避免連毛帶血的豪邁吃法。一定要將肉製品洗淨、分切，再烤熟，然後香噴噴地享用。

▋▆ 保證食品新鮮

開車或乘公共交通去戶外，通常需要花幾小時的時間，這就不得不考慮食品新鮮度的問題。肉製品最好冷凍後攜帶，到了目的地再解凍，這樣可以最大限度地保鮮；瓜果蔬菜可洗淨後用保鮮盒密封，這樣可以延長保鮮時間（時長因季節不同而改變）。

▋▆ 植物油的妙處

燒烤時不能少了植物油，對許多食材來說，刷抹植物油可以加快烤製時間，還可保持食物的鮮嫩口感和色澤。最好將植物油倒入小碗、小碟裏，用刷子蘸用。

▋▆ 「出色」的蜂蜜、糖水

肉類食材烤熟之後，離火前刷上一層蜂蜜或糖水，不僅能增味，還能使肉類增色不少，更能誘人食慾。但是，蜂蜜等的熱量均不低，建議酌情添放。

▋▆ 炭火烤隨機控制火侯

炭火燒烤需隨機應變，如果炭火較大，烤架上的食材可以每隔 1 分鐘翻一次面；若食材已熟，就不用再刷油或蜂蜜，可直接刷上燒烤醬，收緊醬料即可。

▋▆ 請購買機製炭

鋼炭是機製炭的一種，很多燒烤店都使用這種物美價廉的無煙炭。機製炭的缺點是不易引燃，但是只要有點火噴槍，那就不用擔心了。機製炭的優點是燃燒時間長，如果是大部隊燒烤，優先考慮這種炭。

此外，還有易燃炭、木炭兩種選擇。易燃炭，顧名思義，容易點燃，只是價格較貴；木炭較便宜，但是燃燒時間短，且會因形態大小不一造成火力不均，但如果是三五好友一同燒烤，也可選擇。反觀「熊熊燃燒不息」的機製炭，人少時用不免有些浪費。

■ 必須要吃主食

對於喜歡燒烤，又未將燒烤的健康法則放在心裏的人而言，保不齊會有個「老胃病」、腸胃炎之類的小病痛。這部分朋友在戶外吃燒烤時，要格外小心，別吃壞肚子。為了避免這類情況，主食是必須要吃的。比如燒餅、烤餅、饅頭片、麵包片、飯糰及腐皮卷等。

■ 注重葷素配搭

即使去戶外燒烤，也要注重葷素配搭。除了可以攜帶一些新鮮的果蔬解渴除膩外，別忘了還有很多素食也可燒烤，如番薯、茭白、山藥、粟米、馬鈴薯、南瓜、大蒜及綠葉菜等味道都不錯。

■ 準備工作提前做

準備工作是指採購、清洗、切割、包裝食材等步驟，以及配料、醃製、穿串等準備工作。烤爐用具、野餐用具也要提前刷洗乾淨，千萬別等到了目的地才處理這類瑣事，那樣不僅會掃興，還可能導致食品衞生安全的問題。

提前確定食材的分量要根據人數而定，不多也不少，杜絕浪費。

粟米烤後別有一番風味，粟米還有抗氧化、保護眼睛等多種功效，是燒烤必不可少的一種食材。

外出燒烤前把食材提前處理好，不僅能節省在外的準備時間，也可以克服野外水源有限不方便清洗的問題。

PART 2
肉類燒烤
油滋溢香的
歡樂盛宴

不要對陌生人冷淡，
也許他們是喬裝打扮的天使。
——喬治‧惠特曼

羊肉
🔥 海鹽烤羊排

烤出來的羊排金黃酥脆，肉質甜美油潤，看着就讓人食慾大開。4人份的量正好可以作為小型家庭聚餐的大菜。

🔳 焗爐做法

工具：焗爐、烤盤、錫紙

1 烤盤內鋪入錫紙，放入羊肋排，抹上蒜蓉奶油混合物，用錫紙覆住。

2 焗爐預熱至210℃，放入烤盤烤20分鐘，取出後揭去錫紙，續烤10分鐘即可。

📟 微波爐做法

工具：微波爐、錫紙

1 將蒜蓉奶油混合物抹在煎過的羊肋排上，用錫紙覆住，放入微波爐中。

2 高火加熱8分鐘，取出後揭去錫紙，再高火加熱6分鐘即可。

材料

羊肋排500克，麵包糠30克，鮮奶油60克。

調料

蒜蓉1湯匙，迷迭香、黑胡椒粉各1茶匙，海鹽1茶匙，白葡萄酒3湯匙。

準備工作

1 羊肋排洗淨，瀝乾，劈成兩根肋骨一組的條狀，用叉子在肋排上戳小孔。

2 在羊肋排的正反面都抹上海鹽、黑胡椒粉、白葡萄酒，覆上保鮮紙醃製10分鐘。

3 將鮮奶油放入調盆內，下入蒜蓉、麵包糠、迷迭香、黑胡椒粉及海鹽，攪拌均勻待用。

4 鍋內倒油，燒至八成熱，下入羊肋排，快速煎至變為金黃色，盛出待用。

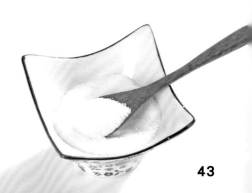

羊肉
🔥 南美烤羊腿

烤出來的羊腿酥嫩多汁，吮指回味無窮。

🔥 燒烤架做法

工具：燒烤架、燒烤針

1 用燒烤針將羊腿穿起來，擦上孜然粉、辣椒粉及少許鹽。

2 在燒烤架上刷一層油，將羊腿肉架在燒烤架上烤至熟透即可。

🔥 焗爐做法

工具：焗爐、烤盤、錫紙

1 烤盤內鋪上錫紙，將醃好的羊腿取出，放在烤盤中，擦上孜然粉、辣椒粉及少許鹽。

2 焗爐預熱至 180℃，將烤盤推入焗爐內，烤製 40 分鐘後轉為 150℃，續烤 20 分鐘後取出翻面，再擦一次孜然粉、辣椒粉，續烤 20 分鐘即可。

材料

羊腿 1 隻，雞蛋 1 個。

調料

薑片 15 克，花椒粉 4 茶匙，辣椒粉、花椒各 1 湯匙，黑胡椒粉 2 茶匙，鹽、白糖各 1 茶匙，孜然粉、料酒、生抽各 2 湯匙。

準備工作

1 鍋內倒入 500 克清水，加入花椒、薑片，大火燒沸後轉為小火，煮至鍋內水剩下一半時離火放涼，製成花椒水。

2 將羊腿洗淨，瀝乾水分，用燒烤針均勻地戳上小孔後放入調盆內。

3 雞蛋磕入碗中打散，在羊腿上刷一層雞蛋液。

4 在調盆內放入鹽、白糖、花椒粉、黑胡椒粉、孜然粉、料酒、生抽，倒入花椒水後醃製 12 小時，期間取出翻動 3 次。

羊肉
🔥 孜然羊肉串

軟嫩多汁,不羶不膩。

Tips
穿羊肉的時候,一定要沿着肉紋的方向穿,這樣肉才不易在烤製過程中散落。

🔳 焗爐做法
工具:焗爐、烤盤、錫紙、竹籤

1 用竹籤將羊肉片穿起來,在肉上擦滿孜然粉。
2 在烤盤內鋪上錫紙,將羊肉串放在烤盤內。
3 將烤盤推入預熱至200℃的焗爐內,烤製15分鐘(烤至8分鐘時,取出翻一次面)。

🍖 燒烤架做法
工具:燒烤架、燒烤針

1 用燒烤針將羊肉片穿起來。
2 把肉串放於燒烤架上烤10分鐘。
3 撒上孜然粉,用炭火再烤1分鐘即可,期間要翻幾次面。

材料
羊肉 300 克。

調料
孜然粉、料酒各 2 湯匙,蒜蓉 1 湯匙,鹽 1 茶匙。

準備工作
1 將羊肉洗淨,瀝乾水分,切成易入口的片狀,放入盤內。
2 加入鹽、料酒、蒜蓉,醃製 30 分鐘。

羊肉
🔥 醬烤羊肉串

> 羊肉細嫩多汁，燒烤醬
> 滋味濃香。

📟 焗爐做法

工具：焗爐、烤盤、錫紙、竹籤

1 用竹籤將羊肉塊穿起來，在肉上擦滿孜然粉、辣椒粉。

2 在烤盤內鋪上錫紙，將羊肉串放在烤盤內。

3 將烤盤推入預熱至200℃的焗爐內，烤至15分鐘時，取出翻一次面，刷上烤肉醬，續烤5分鐘即可。

材料
羊肉 300 克。

調料
料酒、老抽各 1 湯匙，烤肉醬 3 湯匙，孜然粉、辣椒粉各 2 茶匙，鹽半茶匙。

準備工作
1 將羊肉洗淨，瀝乾水分，切成易入口的塊狀，放入調盆內。

2 加入鹽、料酒、老抽、烤肉醬，醃製 30 分鐘。

🌶 燒烤架做法

工具：燒烤架、燒烤針

1 用燒烤針將羊肉塊穿起來，在肉上擦滿孜然粉、辣椒粉。

2 在燒烤架上刷一層油，以防黏連。

3 將羊肉串架在烤架上，用炭火烤 10 分鐘即可，期間要翻幾次面，刷上烤肉醬。

○—Tips—○
如果時間充足，可以自己用研磨棒磨一些孜然粉，味道要比市售的孜然粉更香。

羊肉

🔥 電烤羊肉串

※

電烤出來的肉串軟嫩多汁，不羶不膩。

🔲 焗爐做法

工具：焗爐、烤盤、竹籤、錫紙

1 用竹籤將醃好的羊肉片穿起來，刷上麵粉漿。

2 在烤盤內鋪上錫紙，刷上一層油，將羊肉串放在烤盤內。

3 焗爐預熱至 200℃，將烤盤推入焗爐內，烤 7 分鐘，取出翻一次面，擦滿孜然粉、辣椒粉，續烤 8 分鐘即可。

⬤ 電餅鐺做法

工具：電餅鐺、燒烤針

1 用燒烤針將醃好的羊肉片穿起來，刷上麵粉漿，擦上孜然粉、辣椒粉。

2 在電餅鐺內刷上一層油，燒熱後放入羊肉串，煎至下面一層肉變色，用筷子翻一下面，煎至表皮金黃酥脆即可。

材料

羊肉 300 克，洋葱 75 克，麵粉 35 克，雞蛋 1 個。

調料

料酒 1 湯匙，孜然粉、辣椒粉各 2 茶匙，鹽 1 茶匙。

準備工作

1 將羊肉洗淨，瀝乾水分，切成薄片，放入調盆內。

2 洋葱洗淨，瀝乾水分，切成細末，待用。將鹽、洋葱末、料酒放入調盆內，拌勻後將羊肉醃製 20 分鐘。

3 將雞蛋磕入碗中打散，加入麵粉後攪拌成漿狀，待用。

羊肉
🔥 牙籤羊肉

入口焦脆芳香，令人食慾大開。

⚫ 電餅鐺做法

工具：電餅鐺

1 在電餅鐺內倒油，燒至七成熱後放入羊肉，煎好一面後翻面再煎，待羊肉表面煎至金黃色，瀝乾油分盛出。

2 放入孜然粉、辣椒粉，焙香後倒入牙籤羊肉炒勻，關火，放入白芝麻拌勻即可。

🔲— 平底鍋做法

工具：平底鍋

1 在平底鍋內倒油，燒至七成熱後放入羊肉，煎片刻後翻一下面，待羊肉表面煎至金黃色，瀝乾油分盛出。

2 將平底鍋內的油倒出不用，利用鍋底的一層餘油，用小火將孜然粉、辣椒粉焙香，倒入牙籤羊肉、白芝麻炒勻即可。

材料

羊肉 300 克，白芝麻 10 克。

調料

蔥段 15 克，薑片 10 克，料酒 3 湯匙，鹽 1 茶匙，孜然粉 1 湯匙，辣椒粉 2 茶匙。

準備工作

1 牙籤用沸水浸泡 30 分鐘。

2 將羊肉洗淨，瀝乾水分，切成薄片，放入調盆內。

3 在調盆內加入鹽、料酒、蔥段、薑片，抓勻後醃製 30 分鐘。將醃好的羊肉片穿在牙籤上。

羊肉
🔥 烤羊板筋

滋油彈牙，嚼勁兒十足。

Ｔｉｐｓ

羊板筋長在羊的背上，這是一根連接羊全身運動肌肉的主筋，其特點是質地韌、數量少、不易熟，在烤製過程中火侯掌握很重要。

焗爐做法

工具：焗爐、烤盤、錫紙

1 焗爐預熱至 220℃，烤盤內鋪上錫紙。
2 在羊板筋上刷一層牛油，再刷上烤肉醬，撒上孜然粉、辣椒粉、葱末，放入烤盤內，烤 1~2 分鐘即可。

燒烤架做法

工具：燒烤架

1 在燒烤架上刷油，將羊板筋架在燒烤架上，烤的同時刷上烤肉醬，撒上孜然粉、辣椒粉，待調料烤熱後離火。
2 將烤好的羊板筋放在盤子裏，撒上葱末即可。

材料

羊板筋 200 克。

調料

葱末 15 克，孜然粉、牛油各 1 湯匙，辣椒粉 2 茶匙，烤肉醬 3 湯匙。

準備工作

1 將羊板筋放入高壓鍋內，加水燒熱，保持微開狀態煮 40 分鐘，取出涼涼後切薄片。
2 用燒烤針（或竹籤）將羊板筋穿起來，刷上一層牛油。

羊肉
烤羊脆骨

嘎巴響脆，口口生香，烤一份羊脆骨，感覺讓牙齒都歡快起來。

焗爐做法

工具：焗爐、烤盤、錫紙

1 在烤盤內鋪入錫紙，刷上一層油，放入醃好的羊脆骨肉。

2 焗爐預熱至 180℃，推入烤盤烤製 10 分鐘，取出後放入洋葱絲、小米椒圈，續烤 5 分鐘即可裝盤。

電餅鐺做法

工具：電餅鐺

1 在電餅鐺內倒入油，燒至七成熱後放入羊脆骨肉，烤至羊肉表面呈金黃色，瀝乾油分盛出。

2 利用電餅鐺內的餘油，將洋葱絲、小米椒炒軟。

3 將炒好的洋葱、小米椒倒入盛放羊脆骨肉的容器內，拌勻即可。

材料

羊脆骨肉 250 克，洋葱 75 克，小米椒 35 克。

調料

花椒 1 湯匙，辣椒粉、孜然粉各 2 茶匙，鹽、白胡椒粉各 1 茶匙，料酒 2 湯匙，烤肉醬 3 湯匙。

準備工作

1 將羊脆骨肉洗淨，放入煮沸的花椒水中焯去血水，撈出瀝乾，切塊狀，放入調盆內。

2 加入鹽、白胡椒粉、辣椒粉、料酒、孜然粉、烤肉醬，抓勻後醃製 30 分鐘。

3 洋葱洗淨，瀝乾水分，切成絲；小米椒洗淨，瀝乾水分，切成圈。

羊肉
🔥 慢烤肥腰

口感獨特，色澤美觀，風味絕佳。

🍳 焗爐做法
工具：焗爐、烤盤、錫紙、竹籤

1 洋葱洗淨，瀝乾水分，切為絲狀，待用。
2 將醃好的羊腰子用竹籤串起；烤盤內鋪入錫紙，待用。
3 焗爐預熱至200℃，將羊腰子放入烤盤內，推入焗爐內烤20分鐘。
4 取出羊腰子，刷一層油，放入洋葱絲，包覆着羊腰子，同烤10分鐘即可。

🍖 燒烤架做法
工具：燒烤架、燒烤針

1 洋葱洗淨，瀝乾水分，切為片狀，待用。
2 將醃好的羊腰子和洋葱片用燒烤針串起，刷上一層油。
3 在燒烤架上刷油，將羊腰子架在烤架上，邊烤邊撒上孜然粉、辣椒粉，用小火烤製10分鐘即可。

材料

羊腰子300克，洋葱150克。

調料

辣椒粉4茶匙，孜然粉2茶匙，料酒2湯匙，鹽半茶匙。

準備工作

1 將羊腰子洗淨，瀝乾水分，剖為兩半，放入調盆內。
2 加入鹽、料酒、辣椒粉、孜然粉醃製15分鐘。

Tips

洋葱、孜然粉均可去除羊腰子的腥臊味，不可省掉。

牛肉
🔥 鐵板牛排

> 近骨的肉質鮮嫩香軟，
> 美味多汁。

🔲 焗爐做法

工具：焗爐、烤盤、錫紙

1 焗爐預熱至 250℃，
  烤盤內鋪入錫紙，刷上
  一層油。

2 鍋中倒油燒熱，將番
  茄、小米椒略焗後盛入
  碗中，倒入橄欖油、
  醋、黑胡椒粉拌勻製成
  醃料汁。

3 將牛仔骨放入烤盤，
  推進焗爐內，烤製
  15~20 分鐘，中途翻
  一次面，刷一次醃料汁
  即可。

材料

牛仔骨 450 克，小米椒
3 個，番茄 100 克，芫
茜 35 克。

調料

鹽半茶匙，烤肉醬 2 湯
匙，生抽、橄欖油各 2
茶匙，醋、蜂蜜各 1 湯
匙，黑胡椒粉、魚露各
1 茶匙。

準備工作

1 將鹽、烤肉醬、生
  抽、蜂蜜、魚露及黑
  胡椒粉（半茶匙）放
  入碗內攪勻製成醬
  汁。

2 將牛仔骨洗淨，用廚
  房用紙擦乾，放入保
  鮮盒內，澆上醬汁後
  拌勻，醃製 6 小時。

3 將芫茜洗淨，切碎；
  番茄洗淨，切為粒
  狀；小米椒洗淨，切
  成圈，待用。

牛肉

🔥 烤牛排

肉質鮮嫩，汁水多。

Tips

如手邊沒有鬆肉錘，也可以用麵包棍或刀背錘鬆牛排。

焗爐做法

工具：焗爐、烤盤、錫紙

1 焗爐預熱至 220℃；牛裏脊肉取出瀝乾汁水。

2 在烤盤內鋪入錫紙，放入醃好的牛裏脊肉，推入焗爐內烤製 15 分鐘。

3 取出烤盤，撒上少許鹽、白胡椒粉，續烤 10 分鐘即可。

電餅鐺做法

工具：電餅鐺

1 打開電餅鐺的電源，低擋加熱，在底層和上層分別刷上一層油。

2 將牛裏脊肉放入電餅鐺內，蓋上蓋子，每面煎烤 3 分鐘，烤成五至七成熟的牛排。

3 用鏟子順時針移動 45 度，可烤出交叉燒烤印。

材料

牛裏脊肉 1 塊（180~220 克），香芹 75 克。

調料

蒜蓉 1 湯匙，鹽半茶匙，白胡椒粉 1 茶匙，料酒 2 湯匙。

準備工作

1 將香芹洗淨，瀝乾水分後切成細粒狀。將香芹粒與蒜蓉一同放入調盆內，加入少許鹽、料酒、白胡椒粉及少許油和白開水，攪勻成調味醬汁。

2 將牛裏脊肉用保鮮紙包住，用鬆肉錘錘鬆。

3 將錘鬆的牛裏脊肉放入保鮮盒內，倒入調味醬汁後蘸勻，蓋上蓋子，放入冰箱醃製半天。

肉類燒烤油滋溢香的歡樂盛宴

牛肉
🔥 菲力牛排

✂

牛裏脊肉鬆軟滑嫩，口感筋道。

⊙Ⓣⓘⓟⓢ
牛排的熟度可依據個人喜好改變。但是，也要視牛肉的品質而定。

🔳 焗爐做法
工具：焗爐、烤盤、錫紙

1. 將焗爐預熱至230℃，烤盤內鋪入錫紙，刷上一層油。
2. 將牛裏脊肉放入烤盤內，推入焗爐內，烤製15分鐘即可。

⚫ 電餅鐺做法
工具：電餅鐺

1. 在電餅鐺底部刷上一層油，燒熱後放入牛肉，煎至合適的熟度，盛入盤中。
2. 將醃料汁放入炒鍋內，燒沸後澆在牛肉上即可。

材料

牛裏脊肉 1 塊（180~220 克）。

調料

鹽半茶匙，百里香、迷迭香、黑胡椒粉各 1 茶匙，蒜蓉、生粉各 2 茶匙，蔥段 15 克，橄欖油 2 湯匙，紅酒 1 湯匙。

準備工作

1. 將牛裏脊肉洗淨，用廚房用紙擦乾水分。
2. 將牛裏脊肉用保鮮紙裹起來，用鬆肉錘錘至鬆軟，待用。
3. 將牛裏脊肉放入調盆內，加入鹽、百里香、迷迭香、蒜蓉、蔥段、生粉、黑胡椒粉。
4. 再調入橄欖油、紅酒及少許白開水抓勻，放入冰箱醃製半天。

肉類燒烤油滋溢香的歡樂盛宴

牛肉
🔥 香嫩牛腩

簡單又好吃，別有一番風味。

🔲 焗爐做法

工具：焗爐、烤盤、錫紙

1 焗爐預熱至 230℃，烤盤內鋪入錫紙，刷上一層油。
2 將牛腩放入烤盤中，推進焗爐裏，烤製 15 分鐘，取出翻一次面。
3 將焗爐的溫度降至 180℃，續烤 30 分鐘。
4 將烤好的牛腩取出，切成易入口的片狀即可。
5 可以將烤盤上的牛油刮下來，用炒鍋煮成醬汁，以蘸食烤好的牛腩。

⚫ 電餅鐺做法

工具：電餅鐺

1 電餅鐺內刷上一層油，燒熱後放入牛腩，在牛腩朝上的一面也刷上油，烤製 2 分鐘後翻一次面，蓋上蓋子，烤製 10 分鐘。
2 將電餅鐺底部的牛油盛出來，用炒鍋煮成醬汁，以蘸食煎好的牛腩。

❶

❷

材料
牛腩 500 克。

調料
鹽半茶匙，白胡椒粉 1 茶匙，蒜蓉、番茄醬各 2 茶匙，紅酒 2 湯匙。

準備工作

1 將牛腩洗淨，用廚房用紙擦乾，覆上保鮮紙後用鬆肉錘錘至鬆軟。
2 將牛腩放入調盆內，加入白胡椒粉、鹽、蒜蓉、番茄醬、紅酒抓勻，放入冰箱醃製 6 小時。

⌐Ｔｉｐｓ

烤完的肉品若沒有一次吃完，可以用保鮮袋裝起來，放入冰箱冷凍室速凍起來，下頓飯取出來蒸熱即可。

牛肉
🔥 金針肥牛卷

口感新奇，豐富的味覺體驗。

🍳 電餅鐺做法

工具：電餅鐺

1 在電餅鐺內刷一層油，燒熱後下入金針菇略煎，盛出待用。

2 將電餅鐺洗淨，刷上一層油，加熱後放入肥牛片，攤平後放入煸炒過的金針菇，放置在肥牛片的邊上，用鏟子掀起肉片裹住金針菇，並用筷子輔助歸攏，慢慢捲成卷。

3 用大火將捲好的肥牛卷煎烤至變色，再放入一片肥牛，按此法依次捲起煎好。

4 裝盤後，擠上適量的蠔油，即可食用。

材料

凍肥牛片 200 克，金針菇 50 克。

調料

蠔油 2 湯匙，生抽 1 湯匙，白糖、麻油、白胡椒粉各 1 茶匙，鹽半茶匙。

準備工作

1 肥牛片化凍，在盤子裏攤平，均勻地撒上鹽、白胡椒粉，待用。

2 金針菇拆開，洗淨，切去根部，待用；將生抽、白糖和麻油調勻，調成蘸汁。

🍳 平底鍋做法

工具：平底鍋

1 在平底鍋內刷一層油，燒熱後放金針菇略煎，盛出待用。

2 將平底鍋洗淨，刷上一層油，加熱後放入肥牛片，攤平後放入煸炒過的金針菇，放置在肥牛片的邊上，用鏟子掀起肉片裹住金針菇，並用筷子輔助歸攏，慢慢捲成卷。

3 用小火將捲好的肥牛卷煎至變色，再放一片肥牛，按此法依次捲起煎好。

4 裝盤後，擠上適量的蠔油，即可食用。

牛肉

🔥 炫彩牛肉串

✂

蔬菜和肉的配搭,口感更豐富。4 人份的量正好可以作為小型家庭聚餐的大菜。

材料

牛裏脊肉 250 克,紅甜椒、青甜椒、西葫蘆、洋葱各 100 克。

調料

醬油 1 湯匙,鹽、黑胡椒粉、大蒜粉、白糖各半茶匙,紅酒 4 湯匙。

準備工作

1 將牛裏脊肉洗淨,瀝乾水分,切為塊狀;將竹籤放在清水裏,浸泡約 30 分鐘,待用。

2 將牛肉塊放入調盆內,加入鹽、醬油、黑胡椒粉、大蒜粉、白糖、紅酒後抓勻,醃製半天,醬汁留用。

3 將所有蔬菜洗淨,紅甜椒、青甜椒切成塊狀;翠肉瓜切成厚片;洋葱切成塊狀。

4 用竹籤將醃好的牛肉塊與紅甜椒塊、青甜椒塊、翠肉瓜片、洋葱塊依次穿起,待用。

🔥 Tips

若一次烤製較多的牛肉串,需要自行延長燒烤時間。

喜食辣味的朋友,可以在刷好醬汁的牛肉串上撒一些辣椒粉。

🍳 焗爐做法

工具:焗爐、烤盤、錫紙

1 焗爐預熱至 180℃;在烤盤內鋪上錫紙,刷一層油,待用。

2 將穿好的牛肉串放入烤盤內,刷上一層油,推入焗爐內烤製 13 分鐘。

3 在烤至牛肉將熟時刷一次醬汁,再續烤 2 分鐘即可。

🍖 燒烤架做法

工具:燒烤架

1 在燒烤架上刷一層油,將牛肉串放在烤架上。

2 待肉塊略微變色時刷上一些醬汁,烤至醬汁收緊即可離火。

牛肉

🔥 烤芝士馬鈴薯牛肉

※

馬鈴薯與牛肉是絕好的配搭，再加上芝士作為「點睛之筆」，讓馬鈴薯的綿軟、牛肉的香濃又多一層芝士的醇香與回味。

🔲 焗爐做法

工具：焗爐、烤盤、錫紙

1 芝士切碎後撒在牛肉上，將錫紙鋪在烤盤上，一一放上小馬鈴薯。

2 焗爐預熱至 220℃，放入烤盤烤 8~10 分鐘至表面金黃即可出箱。

🔲 微波爐做法

工具：微波爐、錫紙盒

1 將小馬鈴薯一一放在錫紙盒中，放入微波爐中，高火微波 2 分鐘後取出。

2 芝士切碎後撒在牛肉上，繼續微波 1 分鐘至表面金黃即可。

❶ ❷ ❸ ❹

材料

牛裏脊肉 200 克，小馬鈴薯 4 個，淡味芝士少許。

調料

薑末、蒜末、生抽、白糖、黑胡椒、鹽、橄欖油各適量。

準備工作

1 小馬鈴薯洗淨，可以不用去皮，對半切開，放入蒸鍋中蒸熟。

2 牛裏脊肉洗淨，切成小粒，然後將薑末、蒜末放入牛肉粒中，調入生抽、黑胡椒、鹽、白糖拌勻醃 10 分鐘。

3 取出蒸熟的馬鈴薯，留出 1 厘米厚度的外殼，挖出中間的馬鈴薯。

4 取炒鍋倒入橄欖油，油熱後放入醃好的牛肉粒滑炒至肉熟，然後填入挖空的馬鈴薯殼中。

Tips

牛肉中也可以加入少許嫩肉粉，讓肉質更滑嫩。挖出的馬鈴薯可以搗成泥，和醃好的牛肉粒一起翻炒，然後填入馬鈴薯殼中。

牛肉
🔥 番茄牛肉串燒

酸甜可口的番茄醬，鬆軟適口的裏脊肉。

🔥 焗爐做法

工具：焗爐、烤盤、錫紙

1 焗爐預熱至 220℃；在烤盤內鋪上錫紙，刷一層油，待用。

2 將穿好的牛肉串放入烤盤內，刷上一層油，推入焗爐內烤製 15 分鐘。

3 烤至牛肉將熟時，再刷一次醃料醬，續烤 5 分鐘即可。

🔲 微波爐做法

工具：微波爐、保鮮紙、牙籤

1 將穿好的牛肉串刷上醃料醬。

2 放進微波爐專用盤裏，加熱 13 分鐘即可。

材料

牛裏脊肉 300 克，紅甜椒、青甜椒各 75 克。

調料

番茄醬、生抽各 1 湯匙，鹽、黑胡椒粉各半茶匙。

準備工作

1 牛裏脊肉洗淨，瀝乾水分，切為片狀；將青甜椒、紅甜椒洗淨，切成片狀。

2 將牛裏脊肉放入調盆內，加入番茄醬、鹽、黑胡椒粉、生抽抓勻，醃製半天；牛肉醃好後，醃料醬留用。

3 將竹籤放在清水裏，浸泡約30分鐘，待用；用竹籤將醃好的牛肉塊與紅甜椒片、青甜椒片依次穿起，待用。

肉類燒烤油滋溢香的歡樂盛宴

牛肉
🔥 大蒜烤牛肚

> 鹹香美味，濃郁好吃。

⌒Tips⌒

香料用水先略泡一下，烤製時更易於釋放香味，也能更好地避免香料在烤製過程中烤焦。

🔲 焗爐做法

工具：焗爐、烤盤、錫紙

1 焗爐預熱至 200℃，烤盤鋪錫紙，將炒勻的牛肚放入烤盤中。
2 烤 10 分鐘，取出，食用時撒上芝士粉即可。

🔲 微波爐做法

工具：微波爐、保鮮紙

1 將牛肚用保鮮紙封好，放入微波爐中，高火 8 分鐘。
2 取出揭去保鮮紙，再燒烤 5 分鐘。
3 取出，食用時撒上芝士粉即可。

準備工作

1 熟牛肚切片；大蒜去皮切片；紅蘿蔔洗淨切片；洋葱洗淨切片。
2 香葉、八角和小茴香用少許清水略泡。
3 鍋內放入牛油炒化，加入蒜片和洋葱片爆香，再下入紅蘿蔔片和泡好的香料、牛肚片和鹽，炒勻盛出。

材料

熟牛肚 300 克，大蒜 50 克，紅蘿蔔 1/2 根，洋葱 1/4 個。

調料

牛油 2.5 湯匙，香葉 2 片，小茴香 1 茶匙，八角 1 個，鹽半茶匙，芝士粉少許。

牛肉
🔥 烤牛丸

✂

低油烹調，肉丸香嫩。

⌐ＴＩＰＳ⌐

舀出的牛肉丸必須大小均等，否則烤出的成品會生熟不均。

🍳 焗爐做法

工具：焗爐、烤盤、吸油紙

1 焗爐預熱至 200℃，在烤盤內鋪上吸油紙。

2 將牛肉餡糰成丸子狀，放在吸油紙上。

3 將烤盤推進焗爐裏，烤製 20 分鐘。

4 吃的時候用烤好的牛丸蘸食番茄醬即可。

🍳 電餅鐺做法

工具：電餅鐺

1 電餅鐺內倒入油，加熱後將牛肉餡舀成丸子狀，放在電餅鐺內，蓋上蓋子，煎烤 5 分鐘。

2 掀開蓋子，翻一次面，再煎 1 分鐘後擠入番茄醬，待醬汁收緊即可。

❶

❷

材料

牛肉餡 500 克，洋葱 100 克，芹菜 50 克，麵包糠 35 克。

調料

番茄醬 3 湯匙，醬油、料酒各 1 湯匙，白糖、白胡椒粉各 1 茶匙，鹽半茶匙。

準備工作

1 將洋葱洗淨，切成細粒狀；芹菜擇洗乾淨，切成細粒狀，待用。

2 將牛肉餡放入調盆內，放入洋葱粒、芹菜粒、鹽、白胡椒粉、醬油、白糖、料酒、麵包糠及少許油，拌勻待用。

豬肉
🔥 叉燒肉

色澤鮮明，醬汁鮮美誘人。

🗄 焗爐做法

工具：焗爐、烤盤、錫紙

1 焗爐預熱至 180℃，在烤盤內鋪上錫紙，將豬裏脊肉放好，放在焗爐下層，烤製 20 分鐘後取出，刷醬汁和蜂蜜再放回焗爐內。

2 續烤 20 分鐘後，取出刷上蜂蜜，再烤 10 分鐘即可取出。

🍳 平底鍋做法

工具：平底鍋

1 取出醃好的豬裏脊肉，瀝乾醬汁後刷一層蜂蜜。

2 鍋內倒油，燒至八成熱，放豬裏脊肉，用大火在短時間內煎至兩面都變色，利用表面的熟肉封住中間的肉汁，隨即轉為小火，慢慢煎熟即可。

材料
豬裏脊肉 500 克。

調料
蜂蜜 1 湯匙，葱段、薑片各 15 克，叉燒醬 4 湯匙，米酒 2 湯匙。

準備工作

1 豬裏脊肉洗淨，瀝乾水分，撕去表面的白色筋膜。

2 將豬裏脊肉放入調盆內，加入薑片、葱段、叉燒醬、米酒後抓勻，使肉儘量浸在醬汁裏，倒入保鮮盒內，蓋上蓋子密封，放入冰箱內冷藏一晚。

豬肉
🔥 什錦豬肉串

> 肉片噴香脆嫩，醬料風味十足。

🍖 燒烤架做法

工具：燒烤架

1 把豬肉串架在燒烤架上面，將炭火扇旺，烤至肥肉出油，撒上黑胡椒粉、孜然粉。

2 待肉片略微變色時刷上蜜汁烤肉醬，烤至醬汁收緊即可離火。

🍳 電餅鐺做法

工具：電餅鐺

1 打開電源開關，在電餅鐺的烤盤底部刷一層油。

2 放入豬肉串，撒上黑胡椒粉、孜然粉，合上蓋子煎 2 分鐘。

3 打開蓋子將肉串翻個面，刷上蜜汁烤肉醬，再合上蓋子煎 3 分鐘即可。

材料
帶皮五花肉 250 克，紅甜椒、青甜椒各 50 克。
調料
鹽半茶匙，黑胡椒粉 2 茶匙，蒜片、蔥段各 10 克，薑片 15 克，孜然粉 1 湯匙，蜜汁烤肉醬 3 湯匙。

準備工作
1 將帶皮五花肉洗淨，瀝乾水分後切成方片狀，放入保鮮盒內，放入蔥段、薑片、蒜片、鹽醃製 25 分鐘，揀去蔥、薑、蒜不用。
2 將紅甜椒、青甜椒分別洗淨，瀝乾水分，切成片狀待用。
3 提前將竹籤放在水裏浸泡 2 小時。用竹籤穿起一片五花肉，岔開顏色穿一片紅甜椒或青甜椒，接着再穿一片肉，以此類推，穿成什錦豬肉串。

豬肉
饞嘴豬肉片

洋葱香味濃郁,肉片入口滋香。

🍳 焗爐做法

工具:焗爐、烤盤、錫紙

1 焗爐預熱至 200℃,在烤盤上鋪錫紙,刷上一層油。

2 在烤盤內擺入洋葱圈,將醃好的五花肉片鋪在洋葱圈上。

3 在五花肉片上撒上辣椒粉、孜然、白芝麻,將烤盤放到焗爐裏,烤製 15 分鐘即可。

⬤ 電餅鐺做法

工具:電餅鐺

1 在電餅鐺底刷上一層油,放入五花肉片。

2 在五花肉表面刷上烤肉醬,撒上辣椒粉、孜然、白芝麻,烤製 2 分鐘。

3 將五花肉片翻面,刷上燒烤醬,再烤 1 分鐘,即可食用。

材料
五花肉 350 克,洋葱 150 克,白芝麻 5 克。

調料
燒烤醬 4 湯匙,辣椒粉、孜然各 2 茶匙。

準備工作

1 五花肉放入冰箱內速凍 1 小時,至肉稍硬,取出切為長薄片,擺入盤中待用。

2 將燒烤醬刷在五花肉片上,覆上保鮮紙,放入冰箱冷藏,醃製 2 小時。

3 洋葱去皮,洗淨,切成圈狀。

豬肉
 麻辣烤排骨

塊塊皆入味，麻辣乾香。

Ｔｉｐｓ

續烤的時間可依據個人喜好而定，如喜歡烤得焦些的排骨，可將時間調整為 15~20 分鐘。

焗爐做法

工具：焗爐、烤盤、錫紙

1 烤盤放上錫紙，刷油，碼放排骨。焗爐預熱至 200℃，放入烤盤烤 20 分鐘。

2 取出後刷上燒烤醬，撒上辣椒粉、花椒粉、孜然粉，放回焗爐內，調至 220℃ 續烤 10~15 分鐘即可。

燒烤架做法

工具：燒烤架、燒烤針

1 將排骨塊用燒烤針穿起，在燒烤架上刷一層油，放上排骨串烤 5 分鐘。

2 將熟時刷上燒烤醬，烤至收緊醬汁，撒上辣椒粉、花椒粉、孜然粉調味即可。

材料

豬肋排 600 克，洋蔥 50 克，檸檬半個。

調料

鹽半茶匙，黑胡椒粉、辣椒粉、花椒粉、孜然粉、白糖各 1 茶匙，料酒 1 湯匙，葱段、薑片各 15 克，燒烤醬 3 湯匙。

準備工作

1 檸檬洗淨，用廚房用紙擦乾水分，切成片狀；洋蔥洗淨，切成圈狀，待用。

2 豬肋排洗淨，瀝乾水分，剁成小塊，待用。

3 將切好的豬肋排放入調盆內，加入葱段、薑片、洋蔥圈、檸檬片、鹽、黑胡椒粉、白糖、料酒，用手抓拌均勻後醃製 2 小時。

豬肉
🔥 錫紙烤排骨

✂ ⚔

純肉的烤串吃的是實惠，帶骨的肋排吃的是樂趣，家常味道的調料是自製燒烤最大的特色，帶着家的溫度。

🔲 焗爐做法

工具：焗爐、烤盤、錫紙

1 烤盤上鋪好錫紙，將醃製好的肋排平鋪在上面，然後再覆蓋上一層錫紙，邊緣折疊好。

2 焗爐預熱至 220℃，放入烤盤烤製 60 分鐘後取出，打開錫紙，撒上一些白芝麻和鹽，再放入焗爐，繼續烘烤 5~10 分鐘即可。

🍖 燒烤架做法

工具：燒烤架、燒烤針

1 將醃製好的肋排用燒烤針穿起來，刷一層植物油。

2 在燒烤架上刷一層油，擺上穿好的肋排，一面烤變色後翻過來烤另外一面，邊翻烤邊適量刷油，烤熟後撒上鹽和白芝麻即可。

❶

❷

材料

豬肋排 500 克。

調料

葱末、薑絲、蒜末、鹽、白芝麻各適量，蠔油、生抽、蜂蜜、豆豉、黃豆醬、黃酒各 1 湯匙，老抽 1/4 茶匙。

準備工作

1 豬肋排切小段，用清水泡 30 分鐘去除血水，中途需要換一次水，撈出瀝乾放入大碗中。

2 將葱末、蒜末、薑絲、豆豉、黃豆醬、黃酒、蠔油、生抽、老抽、蜂蜜一起倒入碗中，攪拌均勻，覆蓋保鮮紙放冰箱冷藏，醃製一晚。

Tips

用錫紙包裹起來烤的排骨肉質更加鮮嫩，不太喜歡吃甜口的可以不加蜂蜜，稍微滴點檸檬汁也別具風味。

豬肉
🔥 蜜汁豬肉脯

※
鹹甜可口，齒頰留香。

🍳 焗爐做法

工具：焗爐、烤盤、錫紙、保鮮紙

1　將錫紙平鋪在烤盤內，放上拌好的豬肉餡，覆蓋上保鮮紙，用麵包棍搓成薄片狀。

2　移至烤盤內，揭去保鮮紙，刷上蜂蜜。焗爐預熱至 200℃，放入烤盤烤製 8 分鐘，取出將其翻面，揭去錫紙，刷上一層蜂蜜。

3　在烤盤底部重新鋪一張錫紙，放上烤過一次的肉脯，續烤 5 分鐘，待兩面均烤成金黃色即可。將肉脯從焗爐內拿出，冷卻後用廚房剪刀剪成適當的大小即可。

材料
豬肉餡 350 克，白芝麻 15 克。

調料
白糖 1 茶匙，鹽、白胡椒粉各半茶匙，蜂蜜、料酒、老抽各 1 湯匙。

準備工作
1　豬肉餡放在砧板上，用刀細剁成蓉狀，放入調盆內。

2　將鹽、白糖、老抽、白胡椒粉、料酒放入調盆內，略拌後倒入少許白開水，加入白芝麻，攪拌均勻。

豬肉
🔥 香烤脆皮腸

✖

鹹鮮辣味，口口彈脆。

🔲 焗爐做法

工具：焗爐、烤盤、錫紙

1 焗爐預熱至 200℃，在烤盤內鋪上錫紙，刷上一層油。

2 在脆皮腸上刷一層油，撒上孜然粉、辣椒粉，放進焗爐內烤製 10 分鐘。

3 在脆皮腸烤至變形成章魚狀時，取出烤盤。

4 在脆皮腸上刷一層日式照燒醬，續烤 5 分鐘即可。

⬭ 電餅鐺做法

工具：電餅鐺

1 在電餅鐺底部刷上一層油，放入切好的脆皮腸，合上蓋子，烤製 15 分鐘。

2 打開蓋子，撒上孜然粉、辣椒粉，逐一翻面，合上蓋子續烤 5 分鐘。

3 待脆皮腸烤至捲起成章魚狀，盛出後刷上日式照燒醬即可。

材料
脆皮腸 20 個。

調料
孜然粉 2 茶匙，辣椒粉 1 茶匙，日式照燒醬 3 湯匙。

準備工作
將脆皮腸逐一切上十字刀口，待用。

Tips

宜購買正規廠家產的脆皮腸，切勿買雜牌的，這樣在口感和食品安全方面才有保障。

雞肉

🔥 橄欖油雞肉卷

健康橄欖油，足料雞肉卷，營養又美味。

📶 微波爐做法

工具：微波爐、錫紙

1 將纏好的雞肉卷用錫紙裹起來，放進微波爐內，加熱 8 分鐘。

2 揭去錫紙，在雞肉卷表面刷上黑胡椒燒烤醬，回爐續烤 10 分鐘，待表面呈棕紅色。

3 取出雞肉卷，拆去棉線，切小段，即可裝盤。

🔲 焗爐做法

工具：焗爐、烤盤、錫紙

1 焗爐預熱至 200℃，將纏好的雞肉卷用錫紙裹起來，放進焗爐內，烤製 20 分鐘後取出。

2 將焗爐預熱至 250℃，同時揭去錫紙，在雞肉卷表面刷上黑胡椒燒烤醬，回焗爐續烤 10 分鐘，烤至表面呈棕紅色。

3 取出烤好的雞肉卷，拆去棉線，切小段，即可裝盤。

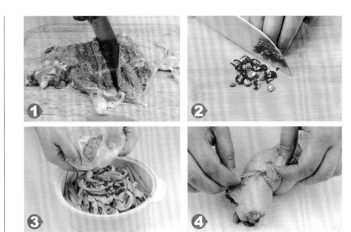

材料

雞腿 2 個，洋葱、小米椒各 35 克。

調料

鹽少許，橄欖油、料酒各 1 湯匙，百里香、迷迭香、薄荷葉各 10 克，葱段、薑片、蒜片各 15 克，烤肉香料、黑胡椒燒烤醬各 3 湯匙。

準備工作

1 雞腿洗淨，瀝乾水分，切去骨後將雞皮朝下放在砧板上，用刀背拍鬆，放入調盆裏待用。

2 將葱段、薑片、蒜片拍破；洋葱洗淨後切絲；小米椒洗淨，切成圈狀，待用。

3 將鹽、料酒、小米椒圈、洋葱絲、葱段、薑片、蒜片、百里香、迷迭香、薄荷葉、烤肉香料一起放入調盆內，用手抓勻，醃製 4 小時。

4 將雞腿翻面，將醃肉料放在雞腿肉上，順手將雞腿捲成雞肉卷，用棉線纏緊。

雞肉
🔥 照燒雞排

滋味香濃，色澤油亮。

🔲 焗爐做法

工具：焗爐、錫紙、烤盤

1. 將醃好的雞腿肉放在鋪好錫紙的烤盤內。
2. 將烤盤放入預熱至200℃的焗爐內，烤製15分鐘。
3. 取出雞腿肉，刷上蜂蜜，撒上白芝麻，續烤5分鐘，烤好後切條即可。
4. 將醃製雞腿肉的照燒醬汁倒入炒鍋，燒熱後澆在雞腿肉上更增風味。

🔲 微波爐做法

工具：微波爐

1. 將醃好的雞腿放在微波爐專用盤裏，刷上蜂蜜，加熱8分鐘後取出。
2. 將醃製時使用的照燒醬汁淋在雞腿肉上，撒上白芝麻，再加熱8分鐘即可。

材料
雞腿2個，白芝麻10克。

調料
黑胡椒粉1茶匙，料酒、蜂蜜各1湯匙，日式照燒醬3湯匙。

準備工作

1. 雞腿洗淨後瀝乾水分，切去骨。
2. 在雞肉上劃幾刀，切斷筋腱，用鬆肉錘錘鬆待用。
3. 將去骨雞腿肉放入盆裏，倒入料酒，擦上日式照燒醬，撒入黑胡椒粉，用手抓勻。放入保鮮盒內，醃製6小時，待用。

🌢 Tips
照燒醬易焦底，使用錫紙可以減輕刷洗烤盤的困擾。
如果想讓雞腿肉更入味，可前一晚就先將肉醃好放進冰箱裏，第二天取出直接放進焗爐即可。

雞肉
🔥 烤雞翼鎚

香氣襲人，肉質細嫩多汁。

🔥 焗爐做法

工具：焗爐、烤盤、錫紙

1 將雞翼鎚均勻地抹上剩下的醃料汁，用錫紙逐個包好，擺在烤盤裏。

2 焗爐預熱至 200℃，放入烤盤，烤 15 分鐘。

3 取出雞翼鎚，揭開錫紙，裹上剩餘的烤雞翼料，包好錫紙續烤 15 分鐘即可。

材料

雞翼鎚 6 個。

調料

白糖 1 茶匙，料酒、蜂蜜各 1 湯匙，烤雞翼料 3 湯匙，生抽 2 湯匙。

準備工作

1 將雞翼鎚洗淨，用牙籤在雞翼鎚上戳幾個孔以便入味。

2 將雞翼鎚放入調盆內，加入料酒、生抽、蜂蜜、白糖及一半分量的烤雞翼料，抓勻後醃製 5 小時，每隔 1 小時取出來翻個面，待醃料汁充分滲入肉內為佳。

肉類燒烤油滋滋香的歡樂盛宴

雞肉
🔥 變態烤雞翼

聽起來有點恐怖的名字，正是因為芥末辛辣芳香，辣椒強烈勁爆。

❶

❷

材料

雞中翼 6 個。

調料

辣椒粉 1 湯匙，鹽、孜然粉、花椒粉、黑胡椒粉各半茶匙，芥末烤肉醬、生抽各 3 湯匙。

🔥 焗爐做法

工具：焗爐、烤盤、錫紙

1 將錫紙鋪在烤盤上，把雞中翼放在錫紙上，刷上芥末烤肉醬，撒上辣椒粉。

2 焗爐預熱至 200℃，將烤盤放進焗爐內，烤製 20 分鐘，取出翻面，再撒一次辣椒粉，放回焗爐續烤 15 分鐘即可。

準備工作

1 將雞中翼洗淨，用燒烤針戳幾個孔以便入味，放入調盆內。

2 在調盆內加入鹽、生抽、孜然粉、花椒粉、黑胡椒粉，抓勻後密封，放入冰箱內醃製 12 小時，中間翻一次面。

🔥 燒烤架做法

工具：燒烤架、燒烤針

1 將醃好的雞中翼穿在燒烤針上，刷上芥末烤肉醬，放在燒烤架上烤 8 分鐘。

2 重新刷上一層芥末烤肉醬，在雞中翼上撒滿辣椒粉，再烤 2 分鐘即可。

Tips

醃製調料的分量可依個人口味隨意更改，現有分量僅供參考。

雞肉
🔥 蜜汁烤雞中翼

料香味足，大排檔般的風味。

Tips
若喜歡蜜汁口味，醃料中的辣椒粉、花椒粉可減少用量，這樣香料就不會蓋過蜜汁烤肉醬的風頭。

📺 焗爐做法
工具：焗爐、烤盤、錫紙

1. 焗爐預熱至 220℃，烤盤內鋪上錫紙，放上雞中翼，推入焗爐內烤 20 分鐘。
2. 取出雞中翼，刷上一層蜂蜜，放回焗爐複烤 15 分鐘即可。

🍖 燒烤架做法
工具：燒烤架、燒烤針

1. 用燒烤針將雞中翼穿成 3 串，刷上蜜汁烤肉醬。
2. 在燒烤架上刷一層油，架上雞中翼烤 8 分鐘，刷上蜂蜜，撒上孜然粉，再烤 2 分鐘即可。

材料
雞中翼 6 個。

調料
花椒粉、黑胡椒粉、鹽各半茶匙，孜然粉、辣椒粉、白糖、蒜末各 1 茶匙，蜜汁烤肉醬 3 湯匙，生抽、料酒各 1 湯匙，蜂蜜 2 湯匙。

準備工作
1. 雞中翼洗淨，用竹籤戳幾個孔以便入味，放入調盆內。
2. 在調盆內加入料酒、鹽、白糖、生抽、蒜末、黑胡椒粉、孜然粉、辣椒粉、花椒粉及蜜汁烤肉醬，抓勻後密封，放冰箱醃製 12 小時。

肉類燒烤油滋溢香的歡樂盛宴

雞肉
🔥 紅酒黑椒烤雞全翼

紅酒醇香，雞翼外焦裏嫩。適合兩人的燭光晚餐。

焗爐做法

工具：焗爐、烤盤、錫紙

1 焗爐預熱至 200℃，烤盤內鋪上一張錫紙，在醃好的雞翼上刷一層油，再刷上蜜汁烤肉醬，放入烤盤內烤製 20 分鐘。

2 取出烤雞翼翻面，刷上蜜汁烤肉醬，再烤 20 分鐘即可。

微波爐做法

工具：微波爐

1 將醃好的雞翼上鍋蒸熟，取出放入微波爐專用盤內。

2 刷上一層油，再刷上蜜汁烤肉醬，放進烤盤內烤製 3 分鐘即可。

材料

雞全翼 4 隻

調料

薑片、蒜末各 15 克，鹽少許，黑胡椒粉、十三香各 1 茶匙，紅酒 4 湯匙，蜜汁烤肉醬 3 湯匙，醬油 2 湯匙。

準備工作

1 將雞全翼洗淨，瀝乾水分，用刀在翼上劃兩下以便入味，放入調盆內。

2 在調盆內加入薑片、蒜末、鹽、黑胡椒粉、十三香、醬油及紅酒，用手抓勻，醃製 12 小時。

雞肉
🔥 醬烤雞脖

> 焦香耐嚼，醬香醇厚，配上啤酒真的是無限美味。

🍳 焗爐做法

工具：焗爐、烤盤、錫紙

1 在烤盤內鋪上錫紙，將雞脖段放在烤盤內，刷上蒜香燒烤醬、撒上孜然粉。

2 焗爐預熱至 220℃，將烤盤放入烤 20 分鐘即可。

🔥 燒烤架做法

工具：燒烤架、燒烤針

1 用燒烤針將雞脖段穿起來，雞脖與雞脖之間空隙儘量小一些，在雞脖上刷一層油。

2 將穿好的雞脖放在燒烤架上，烤 5 分鐘，刷上一層蜂蜜，續烤 3 分鐘，刷上蒜香燒烤醬，撒上孜然粉，再烤 2 分鐘即可。

材料

雞脖子 2 根。

調料

鹽少許，孜然粉、花椒粉各 1 茶匙，生抽、料酒各 2 湯匙，蒜香燒烤醬 3 湯匙，葱段 15 克，蒜片、薑片各 10 克，蜂蜜 1 湯匙。

準備工作

1 將雞脖子洗淨，瀝乾水分，切成寸段，放入調盆內。

2 在調盆內放入蒜香燒烤醬、葱段、薑片、蒜片、料酒、花椒粉、蜂蜜、生抽、鹽，抓勻後醃製 6 小時。

Tips

如果炭火較大，雞脖可以每隔 1 分鐘翻一次面，若雞脖已經熟了，就不用再刷蜂蜜，可直接刷上蒜香燒烤醬後收緊。

雞肉

🔥 烤雞心

Tips

將醃好的雞心瀝乾料汁後再烤，成品口感更佳。

用燒烤針穿雞心時，雞心之間的空隙要均衡一致，以免生熟不均。

🍳 焗爐做法

工具：焗爐、烤盤、錫紙

1 烤盤內鋪上錫紙，放入醃好的雞心，刷上一層油。

2 焗爐預熱至 180℃，將烤盤放進焗爐內，撒上鹽、花椒粉、黑胡椒粉，烤 15 分鐘即可。

🍖 燒烤架做法

工具：燒烤架、燒烤針

1 用燒烤針將雞心逐一穿起來；在燒烤架上刷一層油。

2 將穿好的雞心放在燒烤架上，烤 5 分鐘，撒上鹽、花椒粉、黑胡椒粉即可。

材料

雞心 250 克。

調料

鹽、黑胡椒粉各半茶匙，花椒粉、小茴香各 1 茶匙，料酒 1 湯匙。

準備工作

1 雞心洗淨，剖為兩半，放入調盆內。

2 用料酒、小茴香、黑胡椒粉醃製 30 分鐘，瀝乾料汁，待用。

雞肉

🔥 烤雞肉串

雞肉串色澤油亮,噴香味足。

焗爐做法

工具:焗爐、烤盤、錫紙

1 焗爐預熱至 250℃,在烤盤內鋪上錫紙。

2 將雞肉串刷上日式照燒醬,放在錫紙上,推入焗爐內烤 6 分鐘,取出翻一次面,再刷一層照燒醬,續烤 5 分鐘即可。

燒烤架做法

工具:燒烤架

1 燒烤架上刷一層油,放在炭火上。將雞胸肉串放在燒烤架上,烤 2 分鐘左右至變色為度。

2 在雞肉串上刷一層日式照燒醬,再烤 2 分鐘,醬汁收緊即可。

準備工作

1 將竹籤放在不銹鋼盆內,倒入清水,水量以浸過竹籤為宜,浸泡 2 小時。

2 雞胸肉洗淨,瀝乾水分後用刀背拍鬆,切成條狀,放入調盆內。

3 加入鹽、雞蛋、生粉、料酒、葱段、薑片後抓勻,醃製 6 小時後用竹籤穿起來。

材料

雞胸肉 200 克,雞蛋 1 個。

調料

葱段、薑片各 15 克,鹽少許,生粉、料酒各 1 湯匙,日式照燒醬 3 湯匙。

鴨肉
🔥 香橙烤鴨胸

🔥 焗爐做法

工具：焗爐、烤盤、錫紙

1 烤盤內鋪上錫紙，刷一層油，放入鴨胸肉。

2 焗爐預熱至 200℃，將烤盤推入焗爐內，烤 15 分鐘，取出後在鴨胸肉上刷一層蜂蜜，再烤 8 分鐘即可取出。

3 待鴨胸肉冷卻後，切成片狀，將橙子夾在鴨胸肉之間。

4 焗爐預熱至 220℃，在鴨肉片上刷上烤肉醬，再烤 5 分鐘，待醬汁收緊即可。

📟 微波爐做法

工具：微波爐、保鮮紙

1 在鴨胸肉上刷一層油，放在微波爐專用盤裏，刷上烤肉醬，蓋上保鮮紙，戳幾個透氣孔。

2 將鴨胸肉放進微波爐裏加熱 10 分鐘，取出待涼後切成片狀。

3 將橙子夾在鴨胸肉之間，刷上烤肉醬，再加熱 2 分鐘即可。

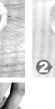

材料

鴨胸肉 200 克，橙子 1 個，檸檬 2 片。

調料

醬豆腐 1 塊，鹽、白糖各半茶匙，五香粉、蠔油、XO 醬各 1 茶匙，醬油、料酒、烤肉醬各 2 湯匙，薑末、蒜蓉各 2 茶匙，蜂蜜 1 湯匙。

準備工作

1 將鴨胸肉洗淨，瀝乾水分，用鬆肉錘或刀背拍鬆，放入調盆內。

2 加入鹽、五香粉、醬油、料酒、蠔油、XO 醬、白糖、蒜蓉、薑末、醬豆腐，擠入檸檬汁，抓勻後醃製 15 分鐘。

3 橙子洗淨，切成片狀。

⌒Ⓣⓘⓟⓢ

橙子可不用去皮，將橙皮中的天然芳香精油烤至融化於鴨肉中，成品更加美味。

可以將醬豆腐替換為切碎的山裏紅，這兩種食材均可幫助肉質軟化。

鴨肉
🔥 蜜汁烤鴨腿

鴨腿烤出來油亮油亮的，肉質更加緊實，吃的時候用牙齒大口撕，真是太過癮了。

焗爐做法
工具：焗爐、烤盤

1　取出醃漬好的鴨腿用廚房用紙吸乾表面水分，將蜂蜜用少許水調稀後刷在鴨腿上，略曬乾再放入烤盤。

2　焗爐預熱至 160℃，將烤盤放入焗爐烤 40 分鐘，中途需要兩次取出刷一遍蜂蜜水。第二次刷完蜂蜜水後，用 220℃ 再烤 15 分鐘即可。

微波爐做法
工具：微波爐

1　將刷好蜂蜜水的鴨腿放入微波爐，高火烤 5 分鐘，翻面再烤 3 分鐘後取出倒掉滲出的湯汁。

2　再放入微波爐，微波 3 分鐘後翻面再微波 3 分鐘即可。

材料
鴨腿 2 個。

調料
醬油 3 湯匙，料酒、蜂蜜各 1 湯匙，鹽 1 茶匙，葱段、薑片、桂皮、八角、花椒各適量，冰糖少許。

準備工作

1　將醬油、料酒、八角、桂皮、花椒、冰糖、葱段、薑片加清水調勻。

2　鴨腿洗淨瀝乾，放入大碗中用鹽將鴨腿擦遍。

3　然後倒入調料水，蓋保鮮紙，放入冰箱醃漬一晚。

 清熱的餐後
涼菜和水果

🔥 燒烤的十大涼菜情人

▌■ 滷毛豆

　　滷毛豆不僅是啤酒夜市上的消暑小涼菜，同時也是燒烤食物的絕佳伴侶。吃燒烤的時候，不點一碟滷毛豆，還真會感覺缺少什麼滋味呢！

▌■ 滷花生

　　滷花生既有營養又有嚼頭，適合佐酒下飯，也適合當零食吃。吃燒烤時，伴以滷花生，養胃、解饞又消閒。

▌■ 涼拌蘿蔔乾

　　俗話說：冬吃蘿蔔夏吃薑，一年四季保安康。蘿蔔乾口感爽脆，吃燒烤配搭蘿蔔乾，還可以清熱、通氣。

▌■ 涼拌木耳

　　木耳有「素中之葷」的美譽，可以煲湯、燉食、熱炒，也非常適宜涼拌。涼拌木耳在素菜中極具人氣，是百姓餐桌上的黑色瑰寶，其爽利的口感可為烤物助興。

▮▪ 涼拌菠菜

涼拌菠菜味道又香又鮮，且容易消化，做法簡單。一般來説，涼拌菠菜中會拌入粉絲、油炸花生米等輔料，豐富了涼拌菠菜的營養功效。

▮▪ 辣白菜心

辣白菜心是一道很受歡迎的家常涼菜，風味獨特、酸辣適口、開胃下飯。近年來，人們還習慣在辣白菜心中加入海蜇絲。

▮▪ 拍青瓜

拍青瓜是最受人們歡迎的，烹法簡單。不論是吃牛肉麵、酸辣粉，還是吃烤串燒，加一盤蒜香四溢的拍青瓜，更飽口福。

▮▪ 老虎菜

老虎菜的主料是青椒絲、青瓜絲和芫茜，聞之香氣四溢，調味料也是刺激食慾的陳醋、辣椒、芥末和麻油等。常吃可和中理氣，排除毒素，軟化血管。吃燒烤時，擺上一盤老虎菜，更具「如虎添翼」般的休閒氣氛。

▮▪ 涼拌海帶絲

海帶絲色澤深綠，觀之養眼、食之下飯，且碘含量豐富，又有嚼頭，乃涼菜中之佳品。

▮▪ 滷豆腐乾

滷豆腐乾是各大餐館都愛列入的美味涼菜。豆製品的營養豐富。常吃滷豆腐乾能和胃消滯，還有補鈣作用。

🔥 清熱的餐後水果 Top 10

▌■ 蘋果 Top 1

　　蘋果富含膳食纖維，特別是其中的果膠，對調理腸道特別有益。吃完燒烤之後吃些蘋果，可幫助消化、中和胃火。

▌■ 葡萄 Top 2

　　葡萄不僅汁水充足，色澤香豔，營養也很豐富。餐前飯後吃點葡萄，可抗擊疲勞，促進健康。

▌■ 西瓜 Top 3

　　西瓜汁多味美、香甜解膩，已成了人們消暑除膩的不二之選。吃完烤肉，難免口渴，吃幾塊清涼解渴的西瓜，實乃人生中的一大享受。

▌■ 橘子 Top 4

　　橘子物美價廉、氣味芬芳、酸甜可口，可以補充多種維他命及礦物質，具有美膚、開胃的功用。吃完烤肉，再吃點橘子，可以解膩除煩，還能幫助消化、補充水分。

■ 奇異果 Top 5

奇異果果肉鮮美多汁，氣味清香怡人，口感甜軟酸香，富含維他命C。維他命C有抗氧化功效，吃完燒烤後吃個奇異果，可幫助防癌。

■ 草莓 Top 6

草莓色澤紅豔，口感酸甜，是一種色、香、味俱佳的美容水果。吃完燒烤後適量吃些草莓，可防上火、幫助消化。

■ 櫻桃 Top 7

櫻桃雖小，水分卻足，清脆可口，可補充果醣及各種維他命。吃完燒烤後吃點櫻桃可以解膩。

■ 檸檬 Top 8

檸檬富含維他命C，果肉可以榨汁、入菜，甚至燒烤時也常會用到檸檬作輔料或調味料。

■ 火龍果 Top 9

火龍果含有豐富的維他命和水溶性膳食纖維，常吃可以幫助消化、纖體瘦身。火龍果清甜綿軟，可以當作飯後水果，也可入爐燒烤，口感同樣鮮美。

■ 菠蘿 Top 10

菠蘿有一種特殊的香味，且汁多味甜，食之能消暑除煩、解渴清腸。吃完肉類燒烤後可適當吃些菠蘿，因為菠蘿含有的蛋白酶可加速肉類分解，幫助消化。

PART 3

水產類燒烤
鮮美與爽嫩的
激情碰撞

人生不能像做菜，把所有的料都準備好了才下鍋。

——《飲食男女》

魚肉
🔥 香辣烤魚

✂

魚肉肥美，香辣爽口。

🗔 焗爐做法

工具：焗爐、烤盤、錫紙

1 焗爐預熱至 200℃，烤盤內鋪上錫紙，刷上一層油。

2 將鯉魚放在錫紙上，把炒好的蔬菜輔料舀放在魚身上，推進焗爐內烤製 20 分鐘即可。

⚫ 電餅鐺做法

工具：電餅鐺

1 電餅鐺加熱，刷上少許油，放入鯉魚，蓋上蓋子，煎烤 2 分鐘，待底層的魚肉變色。

2 將鯉魚翻兩次面，然後把炒好的蔬菜輔料舀放在魚身上，蓋上蓋子，煎烤 5 分鐘即可。

材料

鯉魚 500 克，蒜苗 50 克，芫茜 35 克，小米椒 3 個。

調料

蒜片、薑片、葱段各 15 克，花椒 20 粒，白糖 1 茶匙，蠔油、料酒各 2 湯匙，鹽半茶匙，生抽、蒜蓉辣椒醬、辣椒油各 1 湯匙。

準備工作

1 將所有蔬菜洗淨，蒜苗和芫茜切為段狀，小米椒切為圈狀。

2 將鯉魚收拾乾淨，在魚身上斜着切幾刀，放入調盆內。

3 加入小米椒圈、蒜片、薑片、葱段、鹽、白糖、生抽、蠔油、料酒、蒜蓉辣椒醬，拌勻後用保鮮紙封好，放入冰箱裏醃製 6 小時。炒鍋倒入油，燒至六成熱，投入花椒炸出香味，放入蒜苗、芫茜、醃魚料及辣椒油拌炒均勻。

魚類
🔥 風味小烤魚

✂

外焦裏酥，料味十足，開胃下酒。

❶ ❷ ❸ ❹

🖥 焗爐做法

工具：焗爐、烤盤、錫紙

1　焗爐預熱至 200℃，烤盤內鋪入錫紙，刷上一層油。

2　將馬面魚串放在錫紙上，推進焗爐內烤製 10 分鐘，待魚皮略焦即可取出。

3　將綠葉菜鋪入盤底，放入烤好的馬面魚，澆上辣椒油即可。

🍖 燒烤架做法

工具：燒烤架

1　在燒烤架上刷一層油，預熱片刻。

2　將馬面魚串放在烤架上，烤至兩面金黃即可。

3　將綠葉菜鋪入盤底，放入烤好的馬面魚，澆上辣椒油即可。

材料

馬面魚（剝皮魚）200 克，綠葉菜 50 克，檸檬 1 個（取汁）。

調料

鹽少許，十三香 1 茶匙，辣椒油 1 湯匙。

準備工作

1　竹籤在清水中浸泡 30 分鐘。

2　馬面魚化凍，用廚房用紙吸乾水分，放入調盆內，加入鹽、檸檬汁、十三香，拌勻後醃製 15 分鐘。

3　將醃好的馬面魚用竹籤穿起來。

4　綠葉菜擇洗淨，放入沸水鍋中焯一下，撈出瀝乾水分，待用。

魚類
🔥 泰式薄荷烤魚

※

難以抗拒的異域風情，
鮮香美味。

🍳 焗爐做法

工具：焗爐、烤盤、錫紙

1 焗爐預熱至 180℃，
  烤盤內鋪入錫紙。
2 取出醃好的草魚，瀝乾
  汁水，抹上橄欖油後放
  在錫紙上，推進焗爐內
  烤製 10 分鐘。
3 待看到魚皮變色後取出，
  倒入醃魚料及小米椒圈，
  再淋入適量橄欖油，烤
  至魚肉成熟焦黃即可。
4 裝盤後淋入少許檸檬汁，
  撒上薄荷葉提味即可。

🍖 燒烤架做法

工具：燒烤架

1 在燒烤架上抹一層油，
  取出醃好的草魚。
2 將魚肉放在燒烤架上，
  烤至魚皮變色，刷上
  橄欖油，翻一次面，
  擠入少許檸檬汁，烤
  熟後裝盤。
3 將醃魚料及小米椒圈下
  入炒鍋內炒熟，澆在烤
  魚上，撒上薄荷葉即可。

材料

鯇魚 300 克，青小米椒、紅小米椒各 30 克，薄荷
葉 25 克，檸檬 1 個。

調料

蒜蓉 4 茶匙，薑片 10 克，鹽少許，白糖、黑胡椒
粉各 1 茶匙，橄欖油 1 湯匙。

準備工作

1 將鯇魚洗淨，切成兩半，在兩片魚肉上分別劃上
  3 刀，放在保鮮盒內，撒上鹽，用手抹勻，醃製
  20 分鐘。
2 青小米椒、紅小米椒洗淨，切成圈狀；薄荷葉洗
  淨，瀝乾水分待用。
3 將蒜蓉、薑片、白糖、黑胡椒粉放入盛魚的保鮮
  盒內，用手抓勻，擠入少許檸檬汁，密封後放進
  冰箱裏醃製 3 小時。

魚類

🔥 麻辣烤鯧魚

孜然噴香，魚肉極嫩。

🖥 焗爐做法

工具：焗爐、烤盤、錫紙

1 焗爐預熱至 220℃，烤盤內鋪入錫紙，刷上一層油。

2 將鯧魚放在錫紙上，推進焗爐中烤製 15 分鐘。

3 取出，刷一次醃料，續烤 5 分鐘即可。

⚫ 電餅鐺做法

工具：電餅鐺

1 在電餅鐺加熱，刷上一層油，將鯧魚放在電餅鐺裏煎至變色，翻一次面，蓋上蓋子略煎。

2 掀開蓋子，將醃料舀放在鯧魚上，用鏟子拌炒幾下，蓋上蓋子，再煎烤 2 分鐘即可。

材料

鯧魚 200 克，檸檬 1 個（取汁）。

調料

薑絲 10 克，辣椒粉、孜然粉、橄欖油各 2 茶匙，鹽少許。

準備工作

1 鯧魚洗淨，用廚房用紙吸去水分，放入平盤內。在魚身上抹上鹽，滴上檸檬汁，風乾 10 分鐘。

2 將鯧魚放入調盆內，加入橄欖油、薑絲、辣椒粉、孜然粉，抓拌均勻後醃製 30 分鐘。

魚類
🔥 照燒鱈魚

> 醬汁香濃，肉質鬆軟。

🍳 焗爐做法

工具：焗爐、烤盤、錫紙

1 焗爐預熱至 180℃，烤盤內鋪入錫紙，刷上一層油。

2 將鱈魚放在錫紙上，推進焗爐內燒制 15 分鐘。

3 取出，再抹一次牛油照燒醬，續烤 5 分鐘，用時蔬點綴一下，擺入盤中即可。

⚫ 電餅鐺做法

工具：電餅鐺

1 電餅鐺加熱，刷上一層油，放入鱈魚，煎烤至變色後翻一次面，蓋上蓋子煎 30 秒。

2 揭開蓋子，邊煎邊刷醬汁，待魚肉變色即可盛入盤中，用時蔬點綴即可。

材料

鱈魚 250 克，時蔬 50 克。

調料

牛油 2 茶匙，照燒醬 1 湯匙。

準備工作

1 將鱈魚洗淨，用廚房用紙吸乾水分，待用。

2 炒鍋加熱後放入牛油，待其融化後關火，放入照燒醬攪勻。

3 將鱈魚放在保鮮盒內，澆入牛油照燒醬，抹勻後醃製 15 分鐘。

4 時蔬洗淨，放入沸水中焯熟，撈出瀝乾水分，待用。

魚類
🔥 日式烤秋刀魚

※

烤出來的秋刀魚皮焦肉細，味鮮下飯。

❶

❷

🍳 燒烤架做法

工具：燒烤架

1　燒烤架放在火上，在燒烤架上刷一層油。

2　將秋刀魚放在燒烤架上，烤製 5 分鐘，待魚皮變色時，在魚身兩面都淋上清酒，續烤 5 分鐘，待清酒烤乾即可。

3　以檸檬角、青菜葉作盤飾，將秋刀魚放入盤內，食用前可酌量淋入檸檬汁、魚露調味。

⚫ 電餅鐺做法

工具：電餅鐺

1　電餅鐺加熱，刷上一層油，放入秋刀魚煎至魚皮變色。

2　將清酒刷在魚皮上，煎至魚肉熟，裝入盤中，以檸檬角、青菜葉作盤飾，把檸檬汁、魚露淋在秋刀魚上即可。

材料

秋刀魚 200 克，檸檬 1 個，青菜葉 35 克。

調料

鹽半茶匙，魚露、檸檬汁各 1 茶匙，清酒 2 湯匙。

準備工作

1　在秋刀魚表面撒上鹽，抹勻待用。

2　檸檬洗淨，切成角狀；青菜葉洗淨，瀝乾水分待用。

🔖 Tips

秋刀魚的魚皮很容易烤焦，用燒烤架烤製，翻面時要小心皮破肉焦。

魚類
🔥 香酥烤魚柳

魚柳焦嫩，味道鮮美。

🍳 焗爐做法

工具：焗爐、烤盤、錫紙

1 焗爐預熱至 200℃，烤盤內鋪上錫紙，刷上一層油。

2 將魚柳放在錫紙上，撒上蒜蓉、黑胡椒粉、乾羅勒葉、芝士粉，推進焗爐中烤製 8 分鐘。

3 將香芹鋪入盤中，放入魚柳，澆上番茄醬即可食用。

⚫ 電餅鐺做法

工具：電餅鐺

1 電餅鐺加熱，刷上一層油，放入魚柳煎烤至變色。

2 將魚柳翻一次面，撒上蒜蓉、黑胡椒粉、乾羅勒葉，煎烤至熟。

3 將香芹鋪入盤中，放入魚柳，撒上芝士粉，澆上番茄醬即可。

材料

凍魚柳 200 克，香芹 50 克。

調料

芝士粉、黑胡椒粉各 1 茶匙，乾羅勒葉 3 克，蒜蓉、番茄醬各 1 湯匙。

準備工作

1 將魚柳解凍，瀝乾水分，待用。

2 香芹擇洗淨，放入沸水鍋中焯一下，撈出瀝乾水分，待用。

Tips

一般來說，市售的魚柳本身已經調味，因此不用額外加鹽。

魚類
🔥 薈烤三文魚

✳

添加豐富食材烹飪出來的三文魚，味道更濃郁。

Tips

一定要買帶皮的三文魚，烤好以後的魚皮酥脆可口非常好吃。吃之前還可以擠上一點鮮檸檬汁，更入味。

🔲 焗爐做法

工具：焗爐、烤盤

1 把烤盤中的食材攪拌均勻，焗爐預熱至220℃，放入烤盤烤15分鐘後取出。

2 將盤底的湯汁澆在食材表面，把煙肉鋪在食材上面，繼續烤8分鐘至煙肉熟即可。

≈ 微波爐做法

工具：微波爐、錫紙

1 取半罐沙丁魚罐頭油在錫紙上塗抹均勻，然後放上拌勻的食材，把上下兩邊折起來，兩邊扭一扭包成糖果形狀。

2 放入微波爐中高火烤3分鐘左右即可。

❶

❷

材料

三文魚 300 克，大蝦 6 隻，煙肉 2 片，油浸沙丁魚罐頭 1 盒，蘆筍、小番茄各 4 個，檸檬 1 個。

調料

羅勒碎、鹽、黑胡椒粉、橄欖油各適量，大蒜 4 瓣。

準備工作

1 三文魚洗淨，切塊；大蝦洗淨，去蝦線；蘆筍洗淨，只取上半截；小番茄洗淨，對半切開；檸檬洗淨，分切四份；大蒜洗淨，去皮，拍碎。

2 取半罐沙丁魚罐頭油倒入烤盤，塗抹均勻，然後將上述準備好的食材分別擺放在烤盤中，撒上鹽、黑胡椒粉、羅勒碎，倒入橄欖油。

魚類
土耳其烤魚骨

菜相新奇，閑趣盎然。

焗爐做法

工具：焗爐、烤盤、錫紙

1 焗爐預熱至 180℃，烤盤內鋪上錫紙，刷上一層油。

2 將魚骨放在錫紙上，推進焗爐中烤製 10 分鐘。

3 取出，刷上剩餘的醃料，續烤 5 分鐘即可。

電餅鐺做法

工具：電餅鐺

1 電餅鐺加熱，刷上一層油，放入魚骨煎烤至變色。

2 將魚骨翻一次面，刷上剩餘的醃料，煎烤至熟透即可。

材料

魚骨 300 克。

調料

鹽半茶匙，料酒 2 湯匙，土耳其烤肉料 1 湯匙。

準備工作

1 將魚骨洗淨，用廚房剪刀剪成段，放入保鮮盒中，用鹽、料酒抹勻，醃製 10 分鐘。

2 加入土耳其烤肉料，抓拌均勻，密封後放入冰箱裏醃製 6 小時。

Tips

魚骨醃製越久味道越足。可以提前一晚醃上，放進冰箱裏過夜，第二天即可烤製。

魚類

烤三文魚卷

魚肉、菜心皆嫩，食之令人齒頰留香。

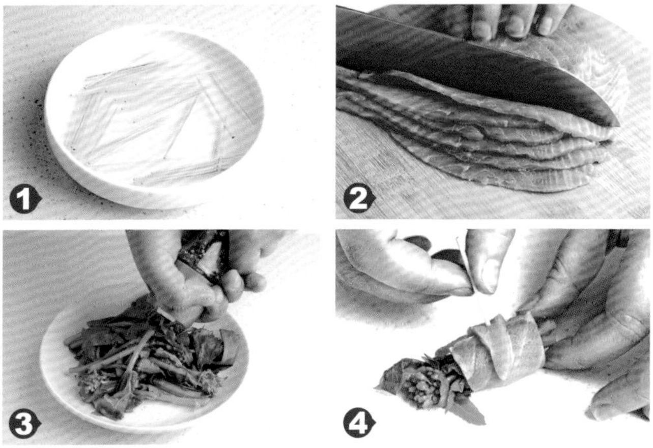

焗爐做法

工具：焗爐、烤盤、錫紙

1 焗爐預熱至 200℃，烤盤內鋪入錫紙，刷上一層油。
2 將三文魚卷放在錫紙上，推進焗爐中烤製 5 分鐘即可。
3 取出，將三文魚卷放入盤中，以芥末醬、生抽蘸食即可。

電餅鐺做法

工具：電餅鐺

1 電餅鐺加熱，刷上一層油，放入三文魚卷，煎烤至魚肉變色。
2 翻一次面，待兩面均變色後夾入盤中，以芥末醬、生抽蘸食。

材料

三文魚 150 克，菜心 100 克。

調料

芥末醬 1 茶匙，生抽 2 茶匙，鹽、黑胡椒粉各少許。

準備工作

1 牙籤放入清水中浸泡 30 分鐘。
2 三文魚洗淨，用廚房用紙吸乾水分，切成長薄片。
3 菜心洗淨，放入沸水鍋中焯一下，撈出瀝乾水分，放入調盆內，加入鹽、黑胡椒粉，拌勻後醃製 5 分鐘。
4 將醃好的菜心分成均等的小份，用三文魚片將菜心逐份捲起來，用牙籤固定。

Tips

三文魚很容易變質，料理前及切完後，需放入冰箱冷藏。

蝦類
🔥 黑椒烤蝦

黑椒香濃，意猶未盡。

Tips
蝦腸又稱作泥腸，若不挑乾淨，蝦肉會略帶腥臭味。

🍳 焗爐做法
工具：焗爐、烤盤、錫紙
1 焗爐預熱至 200℃，烤盤內鋪入錫紙，刷上一層油。
2 將烤盤推進焗爐內，烤製 15 分鐘，取出刷一次醃料汁，續烤 5 分鐘即可。

⚫ 電餅鐺做法
工具：電餅鐺
1 電餅鐺加熱，刷上一層油，放入大蝦。
2 一邊煎烤一邊刷醃料汁，煎至兩面變色即可。

材料
大蝦 250 克。
調料
鹽少許，料酒 1 湯匙，黑胡椒粉 2 茶匙，薑粉、生抽各 1 茶匙。

準備工作
1 將竹籤放在清水裏浸泡 30 分鐘。
2 大蝦洗淨，剪去蝦腳，挑去蝦腸。
3 將大蝦放在調盆內，加入鹽、料酒、薑粉、生抽及黑胡椒粉，攪拌均勻後醃製 20 分鐘。

水產類燒烤鮮美與爽嫩的激情碰撞

蝦類
🔥 咖喱烤鮮蝦

✂ 料味十足，咖喱乾香。

Tips
可以將牛油和咖喱粉一起炒勻後再拌入蝦肉中，滋味更加醇厚。

材料
大蝦 200 克。

調料
咖喱粉 2 茶匙，蒜片、葱段各 10 克，白胡椒粉、牛油、醬油各 1 茶匙，白糖少許。

準備工作
1　大蝦洗淨，剪去蝦腳，挑去蝦腸，待用。
2　將大蝦、蒜片、葱段放入調盆內，加入咖喱粉、白胡椒粉、白糖、醬油，攪拌均勻後醃製 10 分鐘。

🍳 焗爐做法
工具：焗爐、烤盤、錫紙
1　焗爐預熱至 180℃，烤盤內鋪入錫紙，抹上一層牛油。
2　將醃好的大蝦放在錫紙上，推進焗爐內烤製 5 分鐘即可。

⚫ 電餅鐺做法
工具：電餅鐺
1　電餅鐺加熱，抹上一層牛油，燒化。
2　倒入醃好的大蝦，用鏟子翻兩次面，待蝦肉變色即可。

蝦類
🔥 蒜香烤鮮蝦

✂

> 蒜香撲鼻，蝦肉鮮嫩。

🍳 焗爐做法

工具：焗爐、烤盤、錫紙、平底鍋

1 焗爐預熱至 200℃，烤盤內鋪上錫紙，刷上一層油。
2 將大蝦放在錫紙上，推進焗爐內烤 12 分鐘。
3 平底鍋倒入橄欖油，燒熱後放入牛油，待牛油融化，放入蒜蓉炒拌均勻，待蒜蓉出香氣，離火。
4 從焗爐中取出大蝦，澆上牛油蒜蓉汁，撒上迷迭香即可。

📶 微波爐做法

工具：微波爐、平底鍋、保鮮紙

1 平底鍋倒入橄欖油，燒熱後放入牛油，待牛油融化，放入蒜蓉炒拌均勻，待蒜蓉出香氣，離火。
2 將牛油蒜蓉汁澆在大蝦上，覆上保鮮紙，放進微波爐裏，用高火加熱 4 分鐘。
3 取出，撒上迷迭香即可。

❶

❷

材料

大蝦 6 隻。

調料

鹽、白胡椒粉各半茶匙，迷迭香 5 克，朗姆酒、橄欖油各 2 茶匙，牛油 1 湯匙，蒜蓉 2 湯匙。

準備工作

1 將大蝦洗淨，剪去蝦腳，剖開蝦身，用牙籤挑去蝦腸。
2 將大蝦放在盤子裏，撒上鹽、白胡椒粉、朗姆酒，沾裹均勻。

水產類 燒烤鮮美與爽嫩的激情碰撞

蝦類
🔥 芝士烤蝦

蝦肉鬆軟，芝士醇厚。

ⓉⒾⓅⓈ
蝦不宜久烤，否則蝦肉乾縮、牙磣，不復鮮美。

🍳 焗爐做法
工具：焗爐、烤盤、錫紙
1 焗爐預熱至 200℃，烤盤內鋪入錫紙，刷上一層油。
2 將醃好的大蝦放在錫紙上，把蒜蓉牛油料舀在蝦肉上，推進焗爐內烤製 5 分鐘。
3 取出，撒入馬蘇里拉芝士，續烤 5 分鐘，待蝦肉變色即可。

📟 微波爐做法
工具：微波爐、保鮮紙
1 醃好的大蝦放在微波爐專用盤裏，把蒜蓉牛油料舀放在蝦肉上。
2 在蝦肉上撒入馬蘇里拉芝士，覆上保鮮紙，放進微波爐裏，用中火加熱 5 分鐘即可。

材料
大蝦 200 克，馬蘇里拉芝士 50 克，小米椒 3 個。
調料
牛油 2 茶匙，薑片 10 克，蒜蓉 1 湯匙，鹽、黑胡椒粉各半茶匙。

準備工作
1 大蝦洗淨，剪去蝦腳，剝去蝦殼，挑去蝦腸。
2 調盆內加入大蝦、薑片、鹽、黑胡椒粉醃製 15 分鐘。
3 小米椒洗淨，瀝乾，切成圈狀後放入碗內，加入蒜蓉、牛油拌勻。

蝦類
🔥 湄公河醬烤蝦

※

蝦肉彈牙，鹹鮮香辣，極具東南亞風味。

Tips

原料可以隨機替換，若沒有米粉，可用粉絲代替。

🔥 焗爐做法

工具：焗爐、烤盤、錫紙

1 焗爐預熱至 200℃，烤盤內鋪入錫紙，刷上一層油。

2 將大蝦放在錫紙上，推進焗爐內烤製 8 分鐘，刷上醃料汁，續烤 2 分鐘。

3 取出後放在米粉上，撒上葱末即可。

⚫ 電餅鐺做法

工具：電餅鐺

1 電餅鐺加熱，刷上一層油，放入大蝦煎烤 1 分鐘。

2 翻一次面，邊煎邊刷醃料汁，煎至變色即可。

3 盛出後放在米粉上，撒上葱末。

材料

大蝦 250 克，米粉 100 克。

調料

鹽少許，白胡椒粉、白糖、橄欖油各 1 茶匙，葱末、蒜蓉各 2 茶匙，生抽 1 湯匙，辣醬 2 湯匙。

準備工作

1 大蝦洗淨，剪去蝦腳，挑去蝦腸。

2 大蝦加入鹽、白胡椒粉、白糖、蒜蓉、生抽、辣醬，拌勻後醃 5 分鐘。

3 將米粉放入沸水裏，煮熟後撈出瀝乾水分，倒入橄欖油、葱末拌勻，擺在盤子裏。

蝦類
🔥 醬爆蝦丸

軟爛易嚼，味美價廉。

Tips

魚卷是與魚丸、蝦丸、魚豆腐等類似的魚糜製品。

📟 焗爐做法

工具：焗爐、烤盤、錫紙

1 在穿好的蝦丸和魚卷上刷一層海鮮醬。

2 焗爐預熱至 200℃，烤盤內鋪入錫紙，刷上一層油。

3 將海鮮串放在錫紙上，推進焗爐內烤製 15 分鐘，中途翻一次面，再刷一層海鮮燒烤醬。

4 裝盤後撒上少許芫茜末即可食用。

🍳 燒烤架做法

工具：燒烤架

1 在燒烤架上刷一層油，放上海鮮串，烤製蝦丸變色，刷一層油，再刷上一層海鮮燒烤醬。

2 烤至蝦丸和魚卷軟熟即可裝盤，撒入少許芫茜末即可。

❶

❷

材料

凍蝦丸 12 個，冰凍魚卷 4 個。

調料

海鮮燒烤醬 1 湯匙，芫茜 2 棵。

準備工作

1 芫茜洗淨，切成末，待用。

2 蝦丸、魚卷化凍，用燒烤針穿起來。

蝦類
🔥 佐酒小河蝦

> ✂️ 河鮮小烤，佐酒怡情。

⌜Tips⌟
剪除小河蝦頭部頂端後再沖洗，可以確保不留泥沙，以免影響口感。

🍳 焗爐做法

工具：焗爐、烤盤、錫紙

1. 焗爐預熱至 200℃，烤盤內鋪入錫紙，刷上一層油。
2. 將拌好的小河蝦放在錫紙上，推進焗爐內烤製13 分鐘，期間取出翻一次面。

⚫ 電餅鐺做法

工具：電餅鐺

1. 電餅鐺預熱，刷上一層油，放入拌好的小河蝦，用木鏟翻勻。
2. 煎烤至小河蝦變色即可盛出。

 ❶  ❷

材料

小河蝦 150 克，青小米椒 30 克。

調料

葱段、薑片各 10 克，鹽少許，豆豉、蒜蓉烤肉醬各 1 湯匙。

準備工作

1. 將河蝦養在清水裏，滴入少許油，吐淨泥沙，然後用剪刀剪去小河蝦的鬚子和蝦頭頂端，洗淨，瀝乾待用。
2. 青小米椒洗淨，切成圈狀，連同小河蝦一起放入調盆中，加入葱段、薑片、鹽、豆豉、蒜蓉烤肉醬，拌勻待用。

蝦類
🔥 鮮蝦烤豆腐

✂

豆腐外焦裏嫩，蝦仁鮮嫩彈牙。

🍳 焗爐做法

工具：焗爐、烤盤、錫紙

1 焗爐預熱至 220℃，烤盤內鋪入錫紙，刷上一層油，將豆腐塊放在錫紙上。

2 把拌好的蝦仁舀在豆腐的凹槽內，推進焗爐內烤製 15 分鐘即可。

📟 微波爐做法

工具：微波爐、保鮮紙

1 將豆腐塊放在盤子裏，把拌好的蝦仁舀在豆腐的凹槽內，覆上保鮮紙。

2 將豆腐蝦仁放進微波爐裏，用中火加熱 8 分鐘即可。

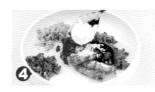

材料

大蝦 200 克，豆腐 250 克，青甜椒、紅甜椒各 25 克。

調料

薑末、蔥末各 10 克，生粉 1 茶匙，鹽、白糖各半茶匙，料酒、蠔油各 1 湯匙。

準備工作

1 大蝦洗淨，剪去蝦腳，從蝦的尾部倒數第二節挑出蝦腸，剝出蝦仁；青甜椒、紅甜椒洗淨，切成細粒，待用。

2 豆腐洗淨，瀝乾水分，切成長 5 厘米、寬 4 厘米、高 4 厘米的長方塊，挖出中間的豆腐，形成凹槽狀。

3 平底鍋倒入油燒熱，下入豆腐塊煎至呈金黃色，撈出瀝油待用。

4 將蝦仁放入調盆內，加入蔥末、薑末、甜椒粒、鹽、白糖、料酒、蠔油及生粉，拌勻待用。

其他類
🔥 香辣烤蟹腿

Ｔｉｐｓ

烤蟹腿的味道之魂在於作料的好壞。因此，調料中的味料，可是一個都不能少。

📺 微波爐做法

工具：微波爐

1. 微波爐專用盤內抹一層牛油，鋪上一層大蒜粒。
2. 將剁椒醬與蟹腿拌勻，放在大蒜粒上，放入微波爐內，用中火加熱5~8分鐘即可。

🎛 焗爐做法

工具：焗爐、烤盤、錫紙

1. 焗爐預熱至200℃，烤盤內鋪入錫紙，在錫紙上抹一層牛油，鋪上一層大蒜粒。
2. 將剁椒醬與蟹腿拌勻，放在大蒜粒上，推進焗爐內烤製10分鐘即可。

❶

❷

材料

螃蟹腿 250 克。

調料

大蒜 50 克，剁椒、牛油各 1 湯匙，豆豉 2 茶匙，薑末、蒜蓉各 1 茶匙。

準備工作

1. 將剁椒、牛油（取一半）、豆豉、蒜蓉、薑末放入碗內，調勻成剁椒醬。
2. 大蒜去皮、洗淨，切成小粒，待用。

其他類
🔥 蒜香檸檬烤蟹腿

蟹腿肉的鮮美不差於蟹肉，海鮮的鮮和蒜香、檸檬香完美融合。

🔳 焗爐做法

工具：焗爐、烤盤、錫紙

1 將雪蟹腿排入墊好錫紙的烤盤中，取醬汁淋在蟹腿上。

2 焗爐提前預熱至190℃，放入烤盤，烤10分鐘左右即可。

🔥 燒烤架做法

工具：燒烤架

1 在燒烤架上刷一層植物油，擺上雪蟹腿。

2 醬汁中倒入少許油拌勻，刷在雪蟹腿上，邊烤邊刷至蟹腿熟透即可。

準備工作

1 將凍雪蟹腿提前放在室溫自然解凍後，用剪刀把蟹腿剪開露出蟹肉。

2 牛油用微波爐加熱至融化。

3 大蒜壓成泥狀，加入歐芹碎和檸檬汁，攪拌均勻製成醬汁。

材料

雪蟹腿 500 克，牛油50 克。

調料

大蒜 4 瓣，歐芹碎、檸檬汁各 1 勺。

其他類
🔥 串烤海螺肉

簡單新鮮，色澤鮮豔。

Tips

海螺肉和蔬菜不需要太多調味品，只需用鹽、橄欖油調味就很美味。

🎛 焗爐做法

工具：焗爐、烤盤、錫紙、燒烤針

1 焗爐預熱至 220℃，烤盤內鋪上錫紙，刷上一層油。

2 將海螺肉、蘆筍、南瓜用燒烤針穿起來，放在錫紙上，推進焗爐內烤製 10 分鐘即可。

🍳 燒烤架做法

工具：燒烤架、燒烤針

1 用燒烤針將海螺肉、蘆筍、南瓜穿起來。

2 在燒烤架上刷一層油，將海螺串放在烤架上，烤至海螺肉變色，翻一次面，烤熟即可。

材料

海螺肉 250 克，蘆筍 80 克，小南瓜半個。

調料

鹽半茶匙，橄欖油 1 湯匙。

準備工作

1 海螺肉洗淨，瀝乾水分，切小塊；蘆筍洗淨，去根部老皮，切成滾刀塊；小南瓜洗淨，去皮，切厚片。

2 將海螺肉放入調盆內，放入蘆筍塊、南瓜片、鹽、橄欖油抓勻。

其他類
🔥 蒜蓉蠔油烤扇貝

鮮濃味美，蒜香撲鼻。

Tips
待扇貝殼內出汁，且扇貝肉縮小時，就說明烤熟了。

🔲 焗爐做法
工具：焗爐、烤盤、錫紙
焗爐預熱至 230℃，烤盤內鋪入錫紙，放上扇貝，推進焗爐內烤製 15 分鐘即可。

🔲 微波爐做法
工具：微波爐
將調好味的扇貝放入微波爐內，烤製 10 分鐘即可。

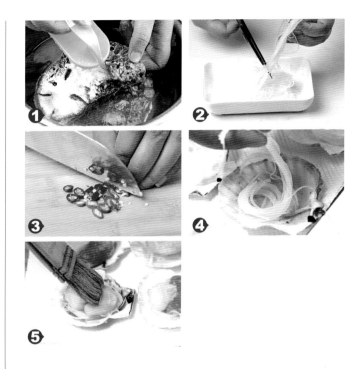

材料
扇貝 6 個，粉絲 2 卷，青小米椒、紅小米椒各 3 個。
調料
蒜蓉 2 湯匙，料酒、蠔油各 1 湯匙，鹽半茶匙，麻油 2 茶匙。

準備工作
1 扇貝洗淨，撬開貝殼，在淡鹽水中泡 10 分鐘，去除內臟，取廚房用紙擦乾水分。
2 粉絲放入溫水中泡軟，用剪刀剪成易夾起的段狀。
3 青小米椒、紅小米椒洗淨，切成圈狀，待用。
4 用小刀切下扇貝肉，在扇貝殼內鋪入粉絲，在扇貝肉上刷一層油，放上小米椒圈。
5 將蒜蓉放入碗內，加入料酒、蠔油、鹽、麻油，攪勻後用小勺舀在扇貝肉上。

水產類燒烤鮮美與爽嫩的激情碰撞

其他類
🔥 烤生蠔

✄

鮮美多汁，味美解饞。

⌐Tips

葱花中的植物殺菌素可殺菌消毒、養胃驅寒，吃生蠔、螃蟹等物時宜放適量葱花調味。

🔲 焗爐做法

工具：焗爐、烤盤、錫紙

1 焗爐預熱至 200℃，烤盤內鋪入錫紙，刷上一層油。

2 將洗淨的生蠔肉放回殼內，推進焗爐內烤製 5 分鐘，取出生蠔撒上鹽、葱花，續烤 7 分鐘即可。

🍖 燒烤架做法

工具：燒烤架

1 將生蠔殼放在燒烤架上烤至乾熱，刷上一層油。

2 將洗淨的生蠔肉放回殼內，烤至變色後撒入葱花。

3 待生蠔肉將熟時，撒入鹽調味即可。

①

❷

材料
生蠔 4 個。

調料
鹽半茶匙，葱花 2 茶匙。

準備工作
1 用刷子將生蠔殼子上的泥沙洗淨。

2 將生蠔的殼子用刀子撬開，切下生蠔肉，用清水洗淨。

其他類
🔥 鐵板魷魚

乾香有嚼勁兒，令人愛不釋「口」！

🗄 焗爐做法

工具：焗爐、烤盤、錫紙

1. 焗爐預熱至 200℃，烤盤內鋪入錫紙，刷上一層油。
2. 將魷魚、洋葱放入調盆內，加入薑片、乾辣椒、海鮮烤肉醬和鹽拌勻，放在錫紙上。
3. 將烤盤推進焗爐內烤製 10 分鐘，取出翻一次面，續烤 5 分鐘即可。

▬ 電烤爐做法

工具：電烤爐

1. 電烤爐用高火加熱，刷上一層油，加入洋葱、魷魚，乾煸至變色，盛出。
2. 轉為低火，倒入底油，加入薑片、乾辣椒炸香，倒入洋葱、魷魚炒勻。
3. 加入鹽、海鮮烤肉醬，拌勻後用木鏟用力煸烤，待烤肉醬收緊即可。

材料

魷魚 200 克，洋葱 75 克。

調料

薑片 10 克，乾辣椒 8 克，海鮮烤肉醬 1 湯匙，鹽少許。

準備工作

1. 魷魚去骨、洗淨，切成塊狀，瀝乾水分，待用。
2. 洋葱洗淨，切成塊狀，待用。

⌐Tips

儘量將魷魚和洋葱切得大小相同，以便同時成熟，且入味均勻。

水產類燒烤鮮美與爽嫩的激情碰撞

其他類
🔥 香酥魷魚鬚

酥香美味，停不了口。

🍳 **焗爐做法**

工具：焗爐、烤盤、錫紙

1 焗爐預熱至 200℃，烤盤內鋪入錫紙。

2 將炸好的魷魚絲和洋蔥絲放入調盆，加入辣椒粉、孜然粉拌勻，放在錫紙上，推進焗爐內烤製 8 分鐘即可。

⚫ **電餅鐺做法**

工具：電餅鐺

1 電餅鐺加熱，放入炸好的魷魚絲和洋蔥絲，煸炒片刻。

2 加入辣椒粉、孜然粉，拌勻即可。

準備工作

1 將魷魚鬚洗淨，瀝乾水分，拿廚房剪刀剪成單鬚，放入調盆內；洋蔥洗淨，切成絲狀；雞蛋打散，待用。

2 在調盆內加入鹽、料酒，拌勻後放入冰箱內醃製 30 分鐘。

3 將醃好的魷魚絲裹一層生粉，蘸一下蛋液，放在麵包糠上滾幾下，輕輕拍緊。炒鍋倒油，燒至七成熱，下入裹上生粉的魷魚絲，炸至金黃色，撈出瀝油。

材料

魷魚鬚 150 克，麵包糠 80 克，雞蛋 1 個，洋蔥 75 克。

調料

生粉 2 湯匙，料酒 1 湯匙，辣椒粉 2 茶匙，孜然粉 1 茶匙，鹽少許。

水產類燒烤鮮美與爽嫩的激情碰撞

其他類
🔥 烤蟶子

✂

> 物美價廉，嫩滑解饞。

❶

🔲 焗爐做法

工具：焗爐、烤盤、錫紙

1　焗爐預熱至 220℃，烤盤內鋪入錫紙，刷上一層油。

2　將蟶子的殼掰開，在錫紙上攤平，撒上鹽、辣椒粉、白胡椒粉，滴入檸檬汁及少許橄欖油。

3　將烤盤推進焗爐內烤製 8 分鐘。烤製時，若蟶子肉太乾，可取出刷一次橄欖油。

🍳 燒烤架做法

工具：燒烤架

1　在燒烤架上刷一層橄欖油，放上蟶子略烤，依次撒上鹽、辣椒粉、白胡椒粉。

2　烤至蟶子與調味料相融時，滴入少許檸檬汁調味即可。

❷

材料

蟶子 500 克。

調料

橄欖油、辣椒粉各 1 湯匙，檸檬汁 2 茶匙，鹽、白胡椒粉各半茶匙。

準備工作

1　蟶子洗淨。

2　放入清水中養 2 小時，滴入少許油，待蟶子吐淨泥沙。

○━Tips━

白胡椒粉可以去腥、提香，但需酌情添放。此外，患有高血壓的朋友不宜食用過量胡椒類調料。

水產類燒烤鮮美與爽嫩的激情碰撞

其他類
🔥 牛油烤蜆

✂️

鮮香味美，酒香四溢。

📶 微波爐做法

工具：微波爐、微波爐專用料理盒

1 將紫椰菜絲放入微波爐專用料理盒中，鋪平。

2 蜆用活水沖淨，瀝乾，放在紫椰菜絲上。

3 往盒中加入牛油、鹽及威士忌，蓋上蓋子。

4 將料理盒放入微波爐內，用高火加熱 3 分鐘即可。

🔳 焗爐做法

工具：焗爐、烤盤、錫紙

1 焗爐預熱至 200℃，烤盤內鋪入錫紙，刷上一層牛油。

2 將紫椰菜絲鋪在錫紙上，放上蜆，加入威士忌、鹽，推進焗爐內烤製 10 分鐘，待蜆張口時，取出翻動一下即可。

材料
蜆 300 克，紫椰菜 100 克。

調料
牛油、威士忌各 1 湯匙，鹽半茶匙。

準備工作

1 蜆放入清水中，加少許鹽，養 2 小時，待其吐淨泥沙。

2 紫椰菜洗淨，切成絲狀，待用。

⌐Tips

要選購鮮活的蜆，才能讓其吐淨泥沙，若蜆買回來時已死，難免會影響成菜味道。

若沒有料理盒，或用焗爐烤製蜆時，最好在蜆張口的時候翻動一下，否則可能會烤得生熟不均。

其他類
🔥 烤海鮮串

海味鮮嫩，清香鹹甜。

⌜Tips⌟
醃製海產品時最好將其放入冰箱裏冷藏，以免在常溫下流失養分或變質。

🔲 焗爐做法
工具：焗爐、烤盤、錫紙、竹籤

1 焗爐預熱至 220℃，烤盤內鋪入錫紙，刷上一層油。

2 將所有食材用竹籤穿起來，放在錫紙上，刷上一層甜麵醬，推進焗爐內烤製 10 分鐘。

3 取出，翻一次面，再刷一層甜麵醬，續烤 5 分鐘即可。

🍖 燒烤架做法
工具：燒烤架、燒烤針

1 將所有食材用燒烤針穿起來，刷上一層油。

2 在燒烤架上刷一層油，放上海鮮串烤至變色。

3 在海鮮串兩面都刷上甜麵醬，烤製醬汁收緊即可。

材料

鮮蝦仁、鮮帶子各 6 個，魷魚片 40 克，黃甜椒 50 克。

調料

甜麵醬 2 湯匙，生抽 1 湯匙，鹽少許。

準備工作

1 鮮蝦仁去泥腸，與鮮帶子、魷魚片一同用活水沖淨，瀝乾水分待用。

2 將黃甜椒洗淨，切成塊狀後，將所有食材放入調盆內，加入鹽、生抽，拌勻後放入冰箱醃製 10 分鐘。

其他類
🔥 串烤海鮮丸

路邊攤風情，親民的味型。

🔲 焗爐做法
工具：焗爐、烤盤、錫紙、燒烤針

1 將各材料用燒烤針穿起來。

2 焗爐預熱至 190℃，烤盤內鋪上錫紙，刷上一層油。

3 在海鮮丸子串上刷一層油，放在錫紙上，刷一層韓式烤肉醬，推進焗爐內烤製 7 分鐘。

4 取出，翻一次面，再刷一層韓式烤肉醬，續烤片刻即可。

🍖 燒烤架做法
工具：燒烤架、燒烤針

1 在燒烤架上刷一層油。

2 將各種材料用燒烤針穿起來，放在燒烤架上，刷一層油，略烤後翻面刷一層韓式烤肉醬，如此重複刷 2 次醬，待海鮮丸烤至熟軟即可。

❶

❷

材料
章魚丸、帝王蟹、魚豆腐、蟹棒各 35 克。

調料
韓式烤肉醬 2 湯匙。

準備工作

1 將章魚丸解凍；拆去蟹棒外面的塑料紙。

2 將章魚丸和魚豆腐切成易入口的塊狀，待用。

其他類
🔥 醬烤墨魚仔

海鮮風味，醬香誘人。

Tips

市售的墨魚仔，墨汁可能已經由商家處理，只需將鬚子下面、眼部的墨汁弄乾淨即可。

可以用其他烤肉醬代替海鮮醬，如照燒醬、黑椒醬、蒜蓉醬等。

🔲 焗爐做法

工具：焗爐、烤盤、烤架、錫紙

1 焗爐預熱至 200℃，烤盤內鋪入錫紙；在烤架上刷一層油。將墨魚仔放在烤架上，烤盤墊在烤架下面以接住烤製過程中的汁水。

2 將烤架推進焗爐內烤製 10 分鐘，刷上一層醃料汁，續烤 5 分鐘即可。

⚫ 電餅鐺做法

工具：電餅鐺

1 電餅鐺加熱，刷上一層油，放上醃好的墨魚仔煎至變色。

2 用木鏟翻一下面，刷上一層醃料汁，蓋上蓋子煎烤 2 分鐘，待墨魚仔烤熟即可。

材料

墨魚仔 9 個。

調料

海鮮烤肉醬、蜂蜜各 2 湯匙，生抽、料酒各 1 湯匙，蒜片 15 克，薑片 10 克。

準備工作

1 將墨魚仔鬚子下部及眼睛裏的墨汁擠出，徹底洗淨，瀝乾水分後放在保鮮盒裏。

2 將海鮮烤肉醬、蜂蜜、生抽、料酒、蒜片、薑片放入碗內，攪勻後澆在墨魚仔上，拌勻後放入冰箱醃製 4 小時。

其他類
椒鹽瀨尿蝦

越嚼越香,黃肥肉細。

Tips
瀨尿蝦最美味的部位是蝦黃,其味之美,堪比蟹黃。但是,母瀨尿蝦才會有蝦黃,而且只有在春秋兩季才能買到帶黃的母瀨尿蝦。

焗爐做法
工具:焗爐、烤盤、錫紙

1 焗爐預熱至 180℃,烤盤內鋪入錫紙,刷上一層油。

2 漉淨瀨尿蝦的醃料汁,倒入少許油拌勻,放在錫紙上,推進焗爐內烤製 15 分鐘即可,配椒鹽蘸食。

燒烤架做法
工具:燒烤架

1 在燒烤架上刷一層油。

2 漉淨瀨尿蝦的醃料汁,倒入少許油拌勻,夾放在燒烤架上,蝦皮變色後逐一翻面,烤至蝦肉熟透即可,配椒鹽蘸食。

材料
瀨尿蝦 10 隻。

調料
葱段 25 克,蒜片 15 克,薑片 10 克,椒鹽 1 茶匙,料酒、生抽各 1 湯匙。

準備工作
瀨尿蝦洗淨,瀝乾水分,放入調盆內,加入葱段、薑片、蒜片、料酒、生抽抓勻,醃製 5 分鐘。

PART 4
蔬果類燒烤
鮮香多汁的
清新滋味

蔬菜類

奶油焗番薯

番薯一般給人的印象是樸實的，這次讓它來了個華麗變身，外觀時尚，口感軟糯香甜。

焗爐做法

工具：焗爐、烤盤、吸油紙、蒸鍋

1 蒸鍋內倒入水，煮沸後將番薯放在蒸屜上，蒸10分鐘，取出放涼待用。
2 用匙子挖出番薯瓤，番薯皮呈碗狀留用。
3 將挖出的番薯瓤放入調盆內，加入白糖、牛油、鮮奶油及少許馬蘇里拉芝士，攪拌均勻。
4 將攪勻的番薯泥盛放回「番薯碗」內，在表面撒上一些馬蘇里拉芝士。
5 焗爐預熱至180℃，在烤盤內鋪上吸油紙，將番薯放在吸油紙上，推入焗爐內烤製20分鐘即可。

材料
番薯300克，馬蘇里拉芝士3湯匙，鮮奶油30克。
調料
牛油2湯匙，白糖1湯匙。

準備工作
將番薯刷洗乾淨，切開為兩半。

微波爐做法
工具：微波爐、保鮮紙

1 番薯裝在保鮮袋裏，放進微波爐內，用高火加熱7分鐘。
2 將加熱至熟的番薯用匙子挖出番薯瓤，番薯皮呈碗狀留用。
3 將挖出的番薯瓤放入調盆內，加入白糖、牛油、鮮奶油及少許馬蘇里拉芝士，攪拌均勻。
4 將攪勻的番薯泥盛放回「番薯碗」內，在表面撒上一些馬蘇里拉芝士。
5 番薯放在可進微波爐的盤子內，覆上保鮮紙，用高火加熱6分鐘即可。

蔬菜類
🔥 白巧克力紫薯球

紫薯泥甜，白芝麻香，白巧克力絲滑。

⦿ Tips ⦿
放入什麼餡以及多少料，皆可依自己喜好而定。如芝士、黑巧克力、湯圓心等餡料均可。

🔲 焗爐做法
工具：焗爐、烤盤、吸油紙

1 焗爐預熱至 200℃，烤盤內鋪上吸油紙。
2 將紫薯丸子放在吸油紙上，推進焗爐內烤製 13 分鐘即可。

📻 微波爐做法
工具：微波爐、保鮮紙
紫薯丸子覆上保鮮紙，放進微波爐內，用中火加熱 3 分鐘即可。

材料
紫薯 200 克，曲奇白巧克力數塊，白芝麻 20 克。

準備工作
1 將紫薯放在蒸屜上蒸 15 分鐘，取出後去皮，放進保鮮袋內，用麵包棍搓成泥狀。
2 取一塊紫薯泥，放入曲奇白巧克力作餡，收口，搓圓。
3 盤子裏倒上白芝麻，將包好的紫薯丸子放進去滾上一層白芝麻。

蔬菜類
🔥 蜜汁番薯片

※

原汁原味，令人垂涎三尺。如果你是薯片控，替代膨化食品的薯片再好不過了。

🗔 焗爐做法

工具：焗爐、烤盤、錫紙

1 焗爐預熱至 220℃，烤盤內鋪入錫紙，在錫紙上刷一層油，待用。

2 在錫紙上擺入番薯片，將烤盤推入焗爐內，烤 8 分鐘。

3 取出，用刷子在番薯片上刷一層蜂蜜，續烤 5 分鐘。

4 再次取出，將番薯片翻一次面，刷一次蜂蜜，烤 5 分鐘。

5 烤好後，撒上白芝麻即可。

⬤ 電餅鐺做法

工具：電餅鐺

1 在電餅鐺底部刷一層油，打開電源加熱。

2 將番薯片擺入電餅鐺，邊烤邊刷上蜂蜜，蓋上蓋子，烤製 2 分鐘。

3 掀開蓋子，翻一次面，再刷一層蜂蜜，蓋上蓋子續烤 1 分鐘。

4 盛出前撒上白芝麻即可。

材料

番薯 200 克，白芝麻 8 克。

調料

蜂蜜 1 湯匙。

準備工作

番薯洗淨，去皮，切成片狀，待用。

蔬菜類
黑椒烤四季豆小馬鈴薯

> 外焦裏糯，淳樸味真。

焗爐做法

工具：焗爐、烤盤、錫紙

1 焗爐預熱至 180℃，烤盤內鋪入錫紙，刷上一層油。

2 將拌勻的小馬鈴薯、四季豆放在烤盤內，儘量攤平，不要堆放。

3 推進焗爐內烤製 20 分鐘即可。

燒烤架做法

工具：燒烤架、燒烤夾

1 在燒烤架上刷一層油。

2 將小馬鈴薯、四季豆放在燒烤架上，烤至變色後用燒烤夾轉動翻面。

3 待表面略焦時，戳一下，若能戳透即是熟透。

材料

小馬鈴薯、四季豆各 200 克。

調料

鹽少許，黑胡椒粉 2 茶匙，橄欖油 1 茶匙。

準備工作

1 小馬鈴薯洗淨，切成塊狀；四季豆擇洗淨，折成段，待用。

2 將小馬鈴薯塊、四季豆段放入調盆內，放入鹽、黑胡椒和橄欖油後拌勻。

蔬菜類
🔥 香烤馬鈴薯塔

打破了馬鈴薯的傳統造型，香味撲鼻，正餐甜點兩相宜。

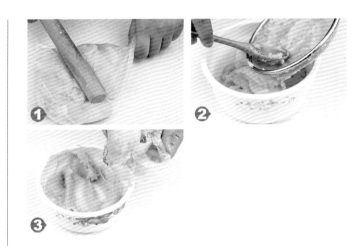

🍳 焗爐做法

工具：焗爐、烤盤、不黏油布

1 焗爐預熱至 200℃，烤盤內鋪入不黏油布，將裱花袋中的馬鈴薯泥擠入烤盤內的不黏油布上。
2 放入焗爐中烤至頂部上色即可。

〰️ 微波爐做法

工具：微波爐

1 在微波盤上抹少許油，將裱花袋中的馬鈴薯泥擠入盤中。
2 放入微波爐中，高火 3 分鐘即可。

材料
馬鈴薯 200 克，雞蛋 1 個。

調料
牛油 2 茶匙，白糖、鹽、白胡椒粉各 1 茶匙。

準備工作

1 馬鈴薯洗淨，蒸至熟軟，取出去皮，放入保鮮袋中，用麵包棍壓成泥狀。
2 將壓好的馬鈴薯過篩成更細的馬鈴薯泥，加入牛油、白糖、鹽、白胡椒粉及雞蛋攪拌均勻。
3 將攪拌好的馬鈴薯泥裝入盛有大號菊花嘴的裱花袋中。

⌐Tips⌐

還可加入少許鮮奶油，但是要掌握好分量，拌勻後的馬鈴薯泥不可過稀，否則烤後花紋會變形。

蔬菜類
🔥 迷迭香烤馬鈴薯

鮮香焦軟，可口解饞，讓人沉浸在迷迭香的香味中。

🍽 焗爐做法

工具：焗爐、烤盤、錫紙

1 在烤盤內鋪入錫紙，刷上一層油。
2 將馬鈴薯塊散放在烤盤上，確保每塊馬鈴薯之間留一些縫隙。
3 將鹽、乾迷迭香、黑胡椒粉撒在馬鈴薯上。
4 焗爐預熱至 230℃，將烤盤推入焗爐內，烤製 25 分鐘即可。

⚫ 電餅鐺做法

工具：電餅鐺

1 在電餅鐺裏刷上油，放上馬鈴薯塊。
2 將鹽、乾迷迭香、黑胡椒粉撒在馬鈴薯塊上，蓋上蓋子，煎烤 3 分鐘。
3 掀開蓋子，用鏟子翻一下面，再煎烤 2 分鐘，待馬鈴薯表面略焦即可。

材料

馬鈴薯 300 克。

調料

鹽、乾迷迭香、黑胡椒粉各 1 茶匙。

準備工作

1 馬鈴薯洗淨，去皮，待用。
2 將去了皮的馬鈴薯切成滾刀塊。

Tips

烤製時間應根據切塊的大小而適當調整。

蔬菜類
🔥 黃金烤南瓜

怎麼都好吃的南瓜，烤出來更軟糯香甜，金黃誘人。

🔲 焗爐做法

工具：焗爐、烤盤、錫紙

1 焗爐預熱至 200℃，烤盤內鋪上錫紙，在錫紙上塗抹一層橄欖油。
2 將切好的南瓜塊均勻地擺入烤盤中，撒入少許鹽，放入焗爐中。
3 烤 60 分鐘後取出，撒上開心果碎即可。

🔲 微波爐做法

工具：微波爐、微波盤

1 在微波盤上抹少許橄欖油，擺入切好的南瓜塊。
2 將微波爐調至燒烤功能，烤 30 分鐘。
3 取出，撒上開心果碎即可。

材料
南瓜 500 克，開心果 10 粒。
調料
橄欖油 1 茶匙，鹽少許。

準備工作
1 南瓜洗淨，去瓤後切大塊。
2 開心果去殼，用麵包棍壓碎。

Tips
烤南瓜切忌不要放太多油，以免吃起來過於油膩。

蔬菜類
🔥 奶油烤粟米

> ※
> 烤出來的粟米色澤金
> 黃，焦香微甜。

🔳 焗爐做法

工具：焗爐、烤盤、錫紙

1 在粟米表面均勻刷上蜂
　蜜水，風乾 2 分鐘後
　再均勻刷上鮮奶油。

2 焗爐預熱至 220℃，
　烤盤內鋪上錫紙，放入
　粟米，烤 15 分鐘取出。

3 刷上牛油後再刷一層蜂
　蜜水，繼續烤 10 分鐘
　即可。

🍳 燒烤架做法

工具：燒烤架

1 在粟米表面均勻刷上蜂
　蜜水，風乾 2 分鐘後
　再均勻刷上鮮奶油。

2 將粟米放在烤架上烤至
　微乾後刷上牛油，繼續
　烤至變色。

3 再刷一次蜂蜜水，烤製
　粟米金黃即可。

材料
粟米 2 根，鮮奶油 20 克。

調料
牛油 1 茶匙，蜂蜜 1 湯匙。

準備工作

1 粟米去皮洗淨，放入蒸鍋中，隔水蒸 8~10 分鐘
　後取出，略涼涼。

2 用廚房用紙吸盡粟米表面水分；蜂蜜加少許清水
　調勻成蜂蜜水備用。

○ⓉⒾⓅⓈ

在烤製粟米的過程中，要記得翻幾次面，以免出現色澤
不均的狀況。

蔬菜類
🔥 烤茄子

※

如果燒烤有排行榜，烤茄子一定在榜單之上，蒜香撲鼻，茄肉軟爛。感謝現代化的廚具設備，想吃一頓烤茄子如此簡單。

🍳 焗爐做法

工具：焗爐、烤盤、錫紙

1 焗爐預熱至 200℃，烤盤內鋪上錫紙，刷油，將長茄子放在錫紙上，推進焗爐內，烤 10 分鐘。

2 烤好後撒上芫茜段即可。

📟 微波爐做法

工具：微波爐、保鮮紙

1 將茄子放入微波爐專用盤裏，覆上保鮮紙，戳幾個氣孔，放進微波爐裏，加熱 2 分鐘左右。

2 取出，將調好的味汁抹在茄肉上，轉為中火，加熱 4 分鐘即可。

3 待茄子熟透後撒上芫茜段即可。

① ② ③ ④ ⑤

材料

長茄子 2 個，小米椒 3 個，芫茜 15 克。

調料

蒜蓉 3 湯匙，薑末 2 茶匙，鹽、白糖各少許。

準備工作

1 小米椒洗淨，切為圈狀；芫茜洗淨，切段。

2 長茄子洗淨，在茄身上豎着劃一刀，約劃至 3/4 處深。

3 蒸鍋預熱，將長茄子放在蒸屜裏，蒸 15 分鐘，取出。

4 將蒜蓉、薑末、小米椒圈放入碗內，加入鹽、白糖及少許白開水，調成味汁待用。

5 將調好的味汁抹在茄肉上。

蔬菜類
🔥 菌菇絲瓜

✳

口感滑嫩，色彩鮮豔，
是餐桌上不可缺少的
點綴。

❶

❷

🍳 焗爐做法

工具：焗爐、烤盤、錫紙

1 焗爐預熱至 200℃，
   烤盤內鋪上錫紙，在錫
   紙上刷一層油。
2 將絲瓜和草菇放在錫紙
   上。
3 將味汁澆在食材上，覆
   上一層錫紙，推進焗爐
   內烤製 20 分鐘，中途
   取出翻一次面。
4 從焗爐中取出絲瓜和草
   菇，澆上醋、生抽，再
   放入焗爐中烤製片刻，
   盛盤即可。

🍳 電餅鐺做法

工具：電餅鐺

1 電餅鐺預熱，刷上一
   層油。
2 下入絲瓜、草菇煎烤至
   熟，澆入味汁拌勻，烤
   至味汁收緊，澆上醋、
   生抽拌勻，烤片刻即可
   盛盤。

材料

絲瓜 200 克，草菇 7 個。

調料

白糖、鹽、白胡椒粉各少許，醋、生抽各 1 茶匙。

準備工作

1 絲瓜洗淨，去皮，切成滾刀塊；草菇去蒂，切半，
   用活水沖淨，瀝乾水分。
2 取一空碗，加入鹽、白糖、白胡椒粉及少許清水，
   充分拌勻即為味汁。

○━Ｔｉｐｓ━

新鮮的菌類通常不需要過度泡洗，只要去蒂，用活水沖
淨泥沙就好。

利用錫紙包裹的方式烤製蔬菜，可以最大限度地保留食
材的原汁原味，且操作簡單。

蔬菜類
🔥 蒜香烤椰菜花

> 蒜香馥鬱，脆爽宜人。
> 簡單又好吃的菜。

🔥 焗爐做法

工具：焗爐、烤盤、錫紙

1　焗爐預熱至 160℃，烤盤內鋪入錫紙，將拌好的椰菜花放入烤盤內，烤製 25 分鐘。

2　取出椰菜花，撒入麵包糠後拌勻，續烤 15 分鐘即可。

📟 微波爐做法

工具：微波爐、保鮮紙

1　將拌好的椰菜花放入微波爐專用盤裏，覆上保鮮紙封好。

2　將椰菜花放進微波爐內，用高火加熱 10 分鐘。

3　取出椰菜花，加入麵包糠後拌勻，再加熱 5 分鐘即可。

材料

椰菜花 300 克，麵包糠 25 克。

調料

鹽、黑胡椒粉各 1 茶匙，牛油 2 茶匙，蒜蓉 1 湯匙。

準備工作

1　將牛油放入調盆內，加入鹽、黑胡椒粉、蒜蓉，攪拌均勻。

2　將椰菜花洗淨，去柄，切小朵，放入清水中，加入少許鹽，浸泡 15 分鐘。

3　將泡好的椰菜花瀝乾水分，朵大的可再切小一些。

4　將椰菜花放入調盆內，與牛油等調料抓拌均勻。

蔬菜類
🔥 素烤茭白

✂

焗爐烤出的茭白脆嫩爽口,有粟米的清香,特別好聞。

Tips

如用炭火、燒烤架烤茭白,最好買有外皮的新鮮茭白,然後帶着部分外皮烤,這樣烤出的茭白較為鮮嫩。

🔲 焗爐做法

工具:焗爐、烤盤、錫紙

1 將錫紙裁成適宜大小。

2 焗爐預熱至 250℃,將茭白放入錫紙內逐個包嚴,推進焗爐內烤製 20 分鐘即可。

🍳 燒烤架做法

工具:燒烤架、燒烤針

1 用燒烤針從尾部穿起茭白。

2 在燒烤架上刷一層油,放上茭白,烤至熟透即可。

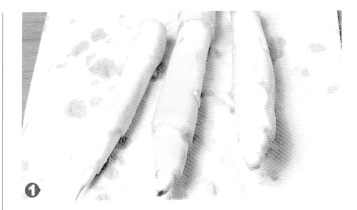

❶

❷

材料

茭白 300 克。

調料

鹽少許,鮮奶油 2 湯匙。

準備工作

1 茭白去外皮,洗淨,用廚房用紙擦乾水分。

2 茭白抹上一層鹽,再抹一層鮮奶油。

蔬菜類
🔥 芝士烤鮮筍

脆嫩爽口，口感鹹香，
能保留筍的原汁原味。

Tips

可以根據鮮筍的粗細及所
要烤的分量靈活調整烤製
時間。

焗爐做法

工具：焗爐、烤盤、錫紙

1 焗爐預熱至 180℃，
烤盤內鋪上錫紙，刷上
一層油。

2 將竹筍擺在錫紙上，撒
上芝士粉。

3 將烤盤推進焗爐內，烤
製 13 分鐘即可。

微波爐做法

工具：微波爐、保鮮紙

1 將竹筍放在微波爐專用
盤裏，撒上芝士粉，覆
上保鮮紙封好，戳幾個
透氣孔。

2 將竹筍放進微波爐裏，
用高火加熱 4 分鐘即
可。

材料

鮮竹筍 150 克。

調料

黑胡椒粉 2 茶匙，芝士粉 4 茶匙。

準備工作

1 竹筍洗淨，放入沸水鍋內焯 2 分鐘，撈出瀝乾水
分，待用。

2 將竹筍放在調盆裏，加入黑胡椒粉，拌勻。

蔬菜類
🔥 醋香烤蘆筍

新鮮的蘆筍口感很嫩，較易烤熟。烤蘆筍味清鮮，酸香可口。

Tips
如果沒有現成的牛油、燒烤料等，簡單放點鹽和黑胡椒也很好吃。

🍳 焗爐做法
工具：焗爐、烤盤、錫紙

1 焗爐預熱至 250℃，烤盤內鋪入錫紙。

2 在錫紙上抹上牛油，放入蘆筍，推進焗爐內烤製 10 分鐘，中途取出翻一次面。

3 從焗爐中取出蘆筍前，澆上醋、生抽，拌烤片刻，撒鹽盛盤即可。

🍳 電餅鐺做法
工具：電餅鐺

1 電餅鐺預熱，放入牛油融化。

2 放入蘆筍煎烤至熟，盛出前澆入醋、生抽拌烤片刻，撒鹽盛盤即可。

材料

蘆筍 300 克。

調料

鹽少許，牛油 2 茶匙，醋、生抽各 1 湯匙。

準備工作

1 蘆筍洗淨，用廚房用紙擦乾水分。

2 將蘆筍放入盤中，抹上一層鹽。

蔬菜類
🔥 烤韭菜

烤出來的韭菜甘美鮮甜。

Tips
捲韭菜圈時，要先理順韭菜葉才捲，否則竹籤穿不齊，烤時易脫落。

焗爐做法
工具：焗爐、烤盤、錫紙
1 焗爐預熱至 180℃，烤盤內鋪入錫紙，刷油。
2 將韭菜圈擺入焗爐中，烤 3 分鐘即可。

燒烤架做法
工具：燒烤架
1 在燒烤架上刷油，放上韭菜圈烤 2 分鐘。
2 根據個人口味可適當，再撒少許調料。

材料
韭菜 200 克，白芝麻 10 克。
調料
鹽少許，孜然粉、花椒粉各 1 茶匙，辣椒粉 2 茶匙。

準備工作
1 韭菜擇洗乾淨，放入沸水中，加少許鹽焯水後撈出，沖涼後瀝乾水分。
2 將兩根韭菜整齊地理順排好，從頭緊緊捲好成韭菜圈，用竹籤穿起來。
3 在穿好的韭菜圈上刷少許油，撒上鹽、孜然粉、花椒粉、辣椒粉和白芝麻。

蔬菜類
🔥 肉碎芽菜 烤娃娃菜

肉碎讓娃娃菜的滋味變得豐富起來，鹹辣下飯。

🍳 焗爐做法

工具：焗爐、烤盤、錫紙

1　裁切出一小塊錫紙，疊成紙船，放入娃娃菜。

2　將拌好的豬肉餡舀放在娃娃菜上。

3　焗爐預熱至 180℃，將烤盤推進焗爐裏烤製 15 分鐘。

4　取出，在娃娃菜上滴入少許油，續烤 8 分鐘即可。

📟 微波爐做法

工具：微波爐、保鮮紙

1　將娃娃菜放進微波爐專用盤裏，逐個舀放上豬肉餡，覆上保鮮紙封好，戳幾個透氣孔。

2　將娃娃菜放進微波爐內，用高火加熱 8 分鐘即可。

材料

娃娃菜 2 棵，豬肉餡 100 克，芽菜 50 克，小米椒 3 個。

調料

蒜蓉 2 茶匙，鹽少許，生抽 1 湯匙。

準備工作

1　將娃娃菜洗淨，瀝乾水分，切成 4 份。

2　將小米椒洗淨，瀝乾水分，切成圈狀。

3　將豬肉餡放在調盆內，放入芽菜、蒜蓉、小米椒圈、鹽、生抽拌勻。

蔬菜類
🔥 黑椒香草烤蘑菇

黑胡椒乾香，菌肉微辣鮮甜。雖然是素菜，卻能品出肉的濃郁滋味，鮮香不膩。

🍲 焗爐做法

工具：焗爐、烤盤、錫紙

1 焗爐預熱至 180℃，烤盤內鋪入錫紙，刷上一層油。

2 將三種菌類放在烤盤內，儘量攤平，撒上迷迭香，推進焗爐內烤製 10 分鐘。

3 出爐後，用洗好的生菜葉子裹食即可。

🔲 微波爐做法

工具：微波爐、保鮮紙

1 將炒好的三種菌類盛入微波爐專用盤裏，撒上迷迭香，覆上保鮮紙封好，戳幾個透氣孔。

2 將盤子放進微波爐內，用高火加熱 6 分鐘即可。

3 出爐後，用洗好的生菜葉子裹食即可。

材料

冬菇、蘑菇、茶樹菇各 100 克，生菜 35 克。

調料

鹽少許，黑胡椒、迷迭香各 1 茶匙，橄欖油 1 湯匙。

準備工作

1 將所有食材洗淨，瀝乾水分，冬菇去蒂、切成塊狀，蘑菇切成塊，茶樹菇去根。

2 在平底鍋中倒入橄欖油，燒至七成熱，下入冬菇塊、蘑菇塊、茶樹菇略煸。

3 在鍋內加入黑胡椒、鹽，待其稍顯縮水即可盛出。

蔬菜類
🔥 秘製烤冬菇

烤出來的冬菇鮮美細嫩,飄香四溢。

❍ⓉⒾⓅⓈ
以自己的喜好為準,可將土耳其烤肉擦料替換為黑胡椒烤肉醬或辣椒粉等調料。

🍳 焗爐做法
工具:焗爐、烤盤、錫紙
1 焗爐預熱至 200℃,在烤盤內鋪入錫紙,刷上一層油。
2 將冬菇放在錫紙上,依次撒上土耳其烤肉擦料、蒜蓉。
3 推進焗爐內烤製 15 分鐘即可。

🥘 電餅鐺做法
工具:電餅鐺
1 電餅鐺內倒入油,加熱後放入冬菇,撒上土耳其烤肉擦料、蒜蓉,蓋上蓋子,煎烤 2 分鐘。
2 掀開蓋子,翻一次面,再煎 2 分鐘即可。

❶

❷

材料
鮮冬菇 250 克。

調料
白糖 1 茶匙,蒜蓉、土耳其烤肉擦料各 3 湯匙。

準備工作
1 冬菇洗淨,去蒂,用廚房用紙擦乾水分。
2 將冬菇放在調盆內,放入白糖,用手抓勻,醃 15 分鐘。

蔬菜類
🔥 錫紙金針菇

用錫紙作容器把金針菇燜透，鮮滑爽口，菜式簡單。

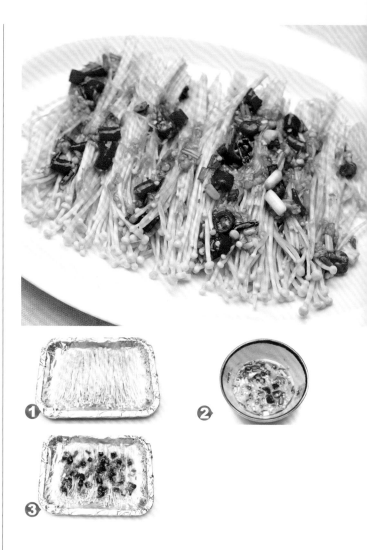

🍳 焗爐做法

工具：焗爐、烤盤、錫紙

1. 把錫紙鋪在烤盤上，金針菇平鋪在錫紙上，澆上調好的醬汁，撒上小米椒和葱花，然後再蓋上一張錫紙，四周捏緊。
2. 焗爐預熱至 200℃，放入烤盤烤 20 分鐘即可。

📠 微波爐做法

工具：微波爐、錫紙盒

1. 把金針菇平鋪在錫紙盒中，澆上調好的醬汁，撒上小米椒和葱花，然後蓋緊。
2. 放入微波爐，高火加熱 4 分鐘即可。

材料

金針菇 500 克，小米椒 4 個。

調料

蠔油、海鮮醬、橄欖油各 1 匙，蒜蓉、小葱各適量。

準備工作

1. 金針菇洗淨，去根，擠淨多餘水分。
2. 小葱和小米椒切小段。
3. 把蠔油、海鮮醬、橄欖油、蒜蓉一起放在碗中拌勻，製成醬汁。

 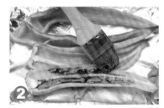

材料

尖椒適量。

調料

蒙古烤肉醬、孜然粉各適量。

準備工作

1 尖椒去蒂、去籽,洗淨,對半切開。
2 在尖椒上刷一層蒙古烤肉醬。

蔬菜類
🔥 烤尖椒

對於嗜辣族來說,還有什麼比烤辣椒更爽快呢!

🔲 焗爐做法

工具:焗爐、烤盤

將尖椒皮朝下平鋪在烤盤上。焗爐預熱至180℃,放入烤盤,用150℃烤5分鐘,然後翻面續烤5分鐘,取出撒上孜然粉即可。

🍖 燒烤架做法

工具:燒烤架、燒烤針

1 全部尖椒分別穿在燒烤針上。
2 燒烤架上刷一層油,放上尖椒烤至微變色,翻面繼續烤,邊翻面邊刷蒙古烤肉醬,烤熟時撒上孜然粉即可。

蔬菜類
🔥 迷迭香烤大蒜

刺激的大蒜，烤出來氣味就會變得柔和很多，綿軟糯香，回味甘甜。

🍳 焗爐做法

工具：焗爐、烤盤、吸油紙、錫紙

1 用刀切掉大蒜頂端 1/4 的部分，露出蒜瓣的切面。

2 將大蒜放在鋪有吸油紙的烤盤裏，在露出的蒜肉上刷一層橄欖油。

3 在蒜肉上撒入鹽、黑胡椒粉及乾迷迭香。

4 用錫紙覆蓋住露出蒜肉的部分。

5 焗爐預熱至 180℃，推進焗爐內烤製 10 分鐘，取出後拿掉錫紙，續烤 20 分鐘即可。

材料

大蒜 4 頭。

調料

鹽少許，黑胡椒粉、乾迷迭香各 1 茶匙，橄欖油 1 湯匙。

準備工作

大蒜去掉外皮，保留大蒜裏層的蒜皮。

🍖 燒烤架做法

工具：燒烤架、燒烤針

1 將大蒜掰分成獨立的蒜瓣，用燒烤針穿起來。

2 在大蒜上刷一層橄欖油，撒上鹽、黑胡椒粉及乾迷迭香。

3 在燒烤架上刷一層油，放上大蒜，烤製 8 分鐘即可。

蔬菜類
🔥 豆皮芫茜卷

芫茜配合豆腐皮，乾香可口，回味無窮。

⬤ 電餅鐺做法

工具：電餅鐺、竹籤

1 用竹籤將豆皮芫茜卷穿起來。

2 電餅鐺刷油，放入捲好的豆皮芫茜卷，煎烤至一面微黃後翻面。

3 煎至兩面變黃後刷少許甜麵醬，撒上鹽、孜然、辣椒粉，再放入電餅鐺中略烤即可。

🍖 燒烤架做法

工具：燒烤架、燒烤針

1 用燒烤針將豆皮芫茜卷穿起來。

2 烤架上刷油，放上捲好的豆皮芫茜卷後刷油。

3 烤至一面微黃後翻面，待兩面都烤至微黃後，刷少許甜麵醬，撒上鹽、孜然、辣椒粉，續烤片刻即可。

材料

豆腐皮 1 張，芫茜 100 克。

調料

鹽少許，孜然、辣椒粉各 1 茶匙，甜麵醬 2 湯匙。

準備工作

1 將豆腐皮裁切成大小適當的 8 小塊。

2 芫茜擇洗乾淨。

3 取出一張豆腐皮，放入芫茜後沿一邊捲成豆皮卷。

183

水果類
🔥 烤香蕉

烤出來的香蕉清甜綿軟，口感絕佳。

⊶Tips⊶
如果沒有蜂蜜，可以刷一層麥芽糖或橄欖油。但若替換成麥芽糖，需相應減少白糖的用量。

🔲 焗爐做法
工具：焗爐、烤盤、錫紙

1 焗爐預熱至 160℃，烤盤內鋪入錫紙，刷上一層油。
2 將煎過的香蕉放在烤盤內，在香蕉上刷一層蜂蜜，推進焗爐中烤製 10 分鐘即可。

材料
香蕉 4 根。

調料
牛油 2 湯匙，白糖、橙汁、朗姆酒各 1 茶匙，蜂蜜 1 湯匙。

準備工作
1 將牛油、白糖放入電餅鐺內，加熱至其融化。
2 香蕉去皮，放入電餅鐺內，煎至兩面變色。
3 將朗姆酒倒在香蕉上面，使其遇熱揮發出香味，再將橙汁倒在香蕉上面，關閉電餅鐺的電源。

水果類
🔥 烤菠蘿片

烤出來的菠蘿片酸酸甜甜，柔韌有彈力，是很不錯的下午茶零食。

⌒Tips⌒

烤製過程中菠蘿會往下滴汁，一定要記得在烤架下放上烤盤，以免焗爐受損。

🔳 焗爐做法

工具：焗爐、烤盤、烤架、錫紙

1 將菠蘿片整齊擺放在烤架上。

2 焗爐預熱至180℃，烤盤鋪上錫紙置於中下層。

3 將擺好菠蘿片的烤架置於焗爐中層，烤約40分鐘，中間要翻幾次面。

🍖 燒烤架做法

工具：燒烤架

1 將菠蘿片整齊擺放在燒烤架上。

2 小火烤約20分鐘，中間要翻幾次面。

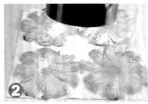

材料
菠蘿 1 個。

調料
糖粉 3 湯匙。

準備工作

1 菠蘿去皮，切成 5 毫米厚的片，用廚房用紙吸去表面多餘水分。

2 在菠蘿正反面用粉篩均勻地篩上一層糖粉。

水果類
🔥 烤蘋果乾

烤蘋果乾顯得有點新奇，但是健康低卡，乾脆香甜。

🗔 焗爐做法

工具：焗爐、烤架

1 焗爐預熱至 100℃。
2 將蘋果片碼放在烤架上，推進焗爐內烤製 2 小時。

🖳 微波爐做法

工具：微波爐、烤盤、烤架

1 將蘋果片均勻地碼放在烤盤上，用小火烘烤 10 分鐘，使其水分蒸發。
2 調至高火，加熱 4 分鐘，取出翻一次面，再加熱 4 分鐘，注意擦去烤盤上蘋果片吐出的水分後再繼續加熱。
3 此時將烤盤更換為微波爐專用烤架，放入蘋果片，高火加熱 4 分鐘，取出翻面後再加熱 2 分鐘。

材料

蘋果 300 克，淡鹽水 500 克。

準備工作

1 將蘋果洗淨瀝乾，切厚度為 2~3 毫米的片；切好的蘋果片放入淡鹽水中浸泡，防止氧化。
2 將蘋果片放在廚房用紙上，吸去多餘的水分。
3 用吹風機的熱風吹 2 分鐘。

⌐Tips

烤蘋果片需低溫長時間烘烤，要將蘋果片裏的水分完全烘乾。烤製時間要根據蘋果片的厚度靈活掌握，越薄時間越短，但一般都需要 2 小時以上。

水果類
🔥 香甜水果串

※

烹飪從來沒有固定格式，喜歡的水果都可以試着烤一烤，可能會有驚喜！

Tips

烤製水果以低火慢烤為佳，這樣水果內的營養元素才不易被破壞。

焗爐做法

工具：焗爐、烤盤、錫紙

1 焗爐預熱至 150℃，烤盤內鋪入錫紙，刷上一層油。

2 將水果串放在烤盤內，刷上蜂蜜，推入焗爐中烤製 10 分鐘，待表面呈焦糖狀即可。

微波爐做法

工具：微波爐

1 將水果串放在微波爐專用盤裏，刷上蜂蜜。

2 放進微波爐裏，用高火加熱 4 分鐘即可。

材料

金橘 4 個，奇異果 1 個，火龍果 1 個。

調料

蜂蜜 1 湯匙。

準備工作

1 將所有水果洗淨，金橘用廚房用紙擦乾水分，切為兩半。

2 奇異果去皮，切成塊狀。

3 火龍果剖為兩半，去皮，將果肉切為塊狀。

4 將所有水果用竹籤依次穿起來。

堅果類
🔥 琥珀核桃

如果不是很愛吃核桃，但是又想吸收它的營養，不妨試試這款琥珀核桃，香脆清甜，可能讓你從此愛上核桃。

Tips
裹糖漿時，儘量讓核桃仁均勻黏裹，否則會影響成品的賣相及口感。

材料
核桃 200 克，
黑芝麻 5 克。

調料
白糖 3 湯匙，
蜂蜜 2 湯匙。

準備工作
將核桃砸裂，取出核桃仁。

🍳 焗爐做法
工具：焗爐、烤盤、錫紙
1　焗爐預熱至 150℃，烤盤內鋪上錫紙。
2　將白糖、蜂蜜及少許白開水倒入平底鍋內，用小火熬成糖漿。
3　將核桃仁倒入糖漿中攪勻，撒入黑芝麻，拌勻後放在錫紙上，推進焗爐內烤 10 分鐘。
4　將核桃仁放回焗爐裏，續烤 15 分鐘，待到糖漿收緊即可取出放涼。

📟 微波爐做法
工具：微波爐
1　將核桃仁裝在微波爐專用盤裏，放進微波爐裏，用高火加熱 1 分鐘。
2　取出，加入白糖、蜂蜜、黑芝麻後拌勻，用中火加熱 20 秒，出爐後放涼即可。

堅果類
🔥 茶香白果

※

可以作為茶點，非常香糯。每天吃一小把白果，健康又美顏。

📟 焗爐做法

工具：焗爐、烤盤、錫紙

1 焗爐預熱至 200℃，烤盤內鋪入錫紙，刷上一層油。

2 將白果和茶葉放在錫紙上，推入焗爐內，烤製 10 分鐘，待表面金黃即可。

📟 微波爐做法

工具：微波爐、料理盒、牛皮紙袋

1 將白果連殼放入牛皮紙袋中，放進料理盒裏用高火加熱 2 分鐘。

2 取出，打開料理盒，白果的果殼已破裂，去除果殼。

3 將茶葉及去殼白果放入料理盒裏拌勻，入微波爐中火加熱 30 秒即可。

材料

白果 100 克，茶葉 15 克。

調料

橄欖油 1 湯匙，鹽少許。

準備工作

1 白果去殼、洗淨，待用。

2 湯鍋內倒入清水，煮沸後下入白果焯一下，如此換水焯 3 次，過一次活水，瀝乾後去軟皮。

3 茶葉用沸水洗一遍，潷去茶湯，留茶葉待用。

4 將茶葉放在白果上，撒上鹽，澆入少許橄欖油，拌勻。

ⓣⓘⓟⓢ

用焗爐烤製時，鮮白果要用沸水焯幾次，方能斷生及去其苦味。

半生不熟的白果不能吃，否則會引起食物中毒。

堅果類
🔥 自製烤板栗

噴香軟糯，讓人愛不釋手。

⊶Tips

板栗本身已有甜味，如果不想太甜，可以不澆糖水。

🍳 焗爐做法

工具：焗爐、烤盤、錫紙

1 焗爐預熱至 220℃，烤盤內鋪上錫紙。
2 將板栗放在錫紙上，推進焗爐內烤製 5 分鐘後取出。
3 將糖水灌入板栗的開口內，轉為 180℃，用筷子拌一下，將盤底的糖水裹勻，續烤 15 分鐘，期間取出翻一次面。

🍳 炒鍋做法

工具：微波爐、炒鍋

1 將板栗放在微波爐專用盤裏，放入微波爐用中火加熱 30 秒，烘乾水分。
2 炒鍋燒熱，下入板栗翻炒至切口裂開，倒入少許糖水，翻炒至乾即可。

材料

板栗 150 克。

調料

麥芽糖 1 茶匙。

準備工作

1 板栗洗淨，瀝乾水分，拿廚房用紙擦乾。
2 將麥芽糖放在碗裏，倒入少許白開水，調成糖水。
3 用刀在板栗上切開一個開口。

PART 5
主食類燒烤
噴香強體的
美味

喜歡吃東西的人，基本上都有一種好奇心。什麼都想試試看，慢慢地就變成一個懂得欣賞食物的人。

——蔡瀾

新疆烤包子

包子不只是蒸的、煎的，還可以有烤的，皮焦肉嫩，鮮美多汁。烹飪並不是一成不變，一點點小創意，生活更有樂趣！

Tips

新疆烤包子本身就是用死麵來包的，不需要發酵，稍醒片刻即可。
宜選購肥瘦均勻的羊腿肉來拌制羊肉餡。

焗爐做法

工具：焗爐、烤盤、錫紙
1 將包子放入鋪有錫紙的烤盤上。
3 焗爐預熱至 220℃，將烤盤推入焗爐內，烤製 15 分鐘即可出爐。

饢坑做法

工具：饢坑
將包子貼在饢坑壁上，烤製 15 分鐘即可。

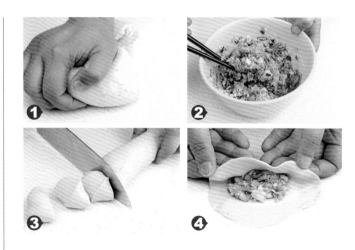

材料

麵粉 300 克，羊肉餡 200 克，雞蛋、洋葱各 1 個。

調料

白胡椒粉、鹽各 1 茶匙，薑末、孜然粉、料酒各 1 湯匙，花椒油、麻油各 2 茶匙。

準備工作

1 將麵粉倒入不銹鋼盆中，一邊倒入白開水一邊用筷子攪拌，待麵粉呈雪花狀碎片後，用手揉成麵糰，醒 20 分鐘。
2 洋葱去皮，洗淨切粒，放入調盆內，加入羊肉餡、白胡椒粉、鹽、薑末、孜然粉、料酒、花椒油、麻油拌勻製成餡。
3 將醒好的麵糰分成大小均等的劑子，用麵包棍搓成包子皮；雞蛋打散，待用。
4 在包子皮裏包上羊肉餡，在皮的邊緣刷上雞蛋液，包成長方形，將皮的邊緣兩側折回成包子坯。

🔥 孜然烤饃片

> ✄
> 孜然的氣味芳香濃烈，
> 饃片酥脆可口。

🍳 焗爐做法

工具：焗爐、烤盤、錫紙

1 在烤盤內鋪上錫紙，刷上一層油，放入饅頭片，撒上孜然粉、辣椒粉、花椒粉、鹽。

2 焗爐不用預熱，將烤盤推進焗爐內，烤 15 分鐘即可。

🍖 燒烤架做法

工具：燒烤架、燒烤針

1 在燒烤架上刷一層油，將饅頭片架在燒烤架上，在饅頭片上刷一層油。

2 一邊烤一邊均勻地撒上孜然粉、辣椒粉、花椒粉、鹽，待饅頭片變成金黃色即可。

材料

饅頭 2 個。

調料

鹽、花椒粉各 1 茶匙，辣椒粉 2 茶匙，孜然粉 1 湯匙。

準備工作

將饅頭切成片狀，用燒烤針穿起來，待用。

⌐Tips⌐

烤饃片也可以變換一下口味，將孜然粉換成烤肉醬、甜麵醬等，同樣美味。

酥香烤鍋盔

鍋盔作為主食，素口吃顯得有點寡淡，烤着吃香辣誘人，令人胃口大增！

材料

小鍋盔 3 個。

調料

孜然粉、辣椒粉各 2 茶匙，鹽少許，烤肉醬 3 湯匙。

焗爐做法

工具：焗爐、烤盤、錫紙

1 在烤盤內鋪上錫紙，刷上一層油，放上鍋盔。

2 焗爐不用預熱，將烤盤推入焗爐內，烤製 10 分鐘，取出刷上烤肉醬，撒上孜然粉、辣椒粉及鹽，再烤 2 分鐘即可。

燒烤架做法

工具：燒烤架、燒烤針

1 將小鍋盔用燒烤針穿起來，待用。

2 在燒烤架上刷一層油，放上小鍋盔，在小鍋盔上刷一層油，烤製片刻。

3 刷上烤肉醬，撒上孜然粉、辣椒粉及少許鹽，烤至表皮略焦即可。

🔥 烤麵包片

葱香馥鬱，麵包鬆而脆。簡單的麵包變得華麗起來。

Tips
如果電餅鐺的溫度無法調節，為避免把麵包片烤焦，可在鐺底過熱時稍微關一下，利用餘溫慢烤。

材料
麵包 4 片，馬蘇里拉芝士 75 克。

調料
牛油、黑胡椒粉各 2 茶匙，橄欖油、蒜蓉、葱末各 1 湯匙。

準備工作
1 將牛油用餐刀抹在麵包片的一面上；馬蘇里拉芝士刨碎，待用。
2 麵包對切成三角片，在抹了牛油的一面擦上蒜蓉，撒上芝士碎、葱末。

⚫ 電餅鐺做法
工具：電餅鐺
在電餅鐺內放入橄欖油，燒熱後放上麵包片，慢慢烤至芝士融化，撒上黑胡椒粉即可。

🍴 燒烤架做法
工具：燒烤架
在燒烤架上抹一層橄欖油，將塗滿醬料的麵包片架在烤架上，烤 5 分鐘，待芝士融化後撒上黑胡椒粉即可。

🔥 日式烤飯糰

✂

米飯焦脆，醬油味濃郁，純樸的美味。剩下的米飯再次加工成烤飯糰是非常美妙的，讓剩飯華麗變身。

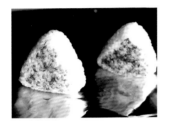

🔲 焗爐做法

工具：焗爐、烤盤、錫紙

1 在烤盤內鋪上錫紙，刷上一層油，放入飯糰。

2 焗爐預熱至 180℃，推入烤盤烤製 10 分鐘，烤至香脆變色即可。

🔳 平底鍋做法

工具：平底鍋

1 不放油，用平底鍋將飯糰的兩面稍煎片刻。

2 煎好後，離火，在飯糰的兩面都刷上醬油，此時平底鍋內倒入少許底油，煎至表面變色即可。

材料

白米飯 150 克，金槍魚罐頭 1 罐。

調料

鹽少許，醬油 2 湯匙。

準備工作

1 在米飯裏撒一點鹽拌勻，將米飯攤平，中間放上適量金槍魚肉，再捏成三角飯糰。

2 在飯糰的兩面都刷上醬油。

🔥 早餐餅

加了牛奶和雞蛋的早餐餅富含蛋白質，再配搭一點小素菜，真是一頓完美的營養早餐。

Tips

翻面的時候有個小技巧：開始有很多很密的小泡泡冒出來，邊緣有點焦黃了，就說明可以翻面了。

◉ 電餅鐺做法

工具：電餅鐺

牛油在電餅鐺中抹開，燒熱後把麵糊分四次倒入鍋裏，兩面都煎黃即可出鍋，澆上楓糖漿，撒上糖粉，趁熱吃。

▥ 平底鍋做法

工具：平底鍋

開中火，平底鍋燒熱，牛油在鍋裏抹開，把麵糊分四次倒入鍋裏，一面煎黃後翻面，兩面都煎黃即可。出鍋後澆上楓糖漿，撒上糖粉，趁熱吃。

材料

低筋麵粉 140 克，泡打粉 9 克，雞蛋 1 個，牛奶 150 克。

調料

鹽 2 克，白糖 16 克，無鹽牛油 24 克，楓糖漿、糖粉各適量。

準備工作

1 牛油融化。
2 把所有的粉類過篩。
3 在一個大碗裏混合麵粉、泡打粉、鹽、白糖，倒入雞蛋、牛奶和 2/3 融化的牛油，攪拌均勻至沒有結塊。

🔥 肉臊焗意大利粉

※ 意麵筋道爽口，芝士濃香開胃。

🔲 焗爐做法

工具：焗爐、焗飯盤、錫紙

1 焗爐預熱至 220℃，將馬蘇里拉芝士刨碎，撒在意大利粉上，同時放上青椒粒、紅椒粒，用錫紙封上。

2 將焗飯盤推入焗爐內，烤 15 分鐘即可。

🔲 微波爐做法

工具：微波爐、焗飯盤、錫紙

1 將馬蘇里拉芝士刨碎，撒在意大利粉上，同時放上青椒粒、紅椒粒，用錫紙封上。

2 將焗飯盤放進微波爐內，加熱 5 分鐘即可。

材料

意大利粉 250 克，煙肉 2 片，馬蘇里拉芝士 100 克，西蘭花、洋葱各 75 克，青椒、紅椒各 50 克。

調料

橄欖油 2 湯匙，蒜蓉 1 湯匙，鹽、黑胡椒粉、番茄醬各 1 茶匙。

準備工作

1 意大利粉放入調盆內泡 30 分鐘；鍋中倒入足量清水，加入鹽（一半）、橄欖油（一半），用大火煮沸，下入意大利粉，煮熟後撈出，瀝乾水分，待用。

2 洋葱切碎，將洋葱碎、蒜蓉、鹽（另一半）、黑胡椒粉、橄欖油（另一半）、番茄醬放入調盆中拌勻。

3 青椒、紅椒洗淨，去蒂、籽，切粒；煙肉切粒；西蘭花洗淨，切小朵。將意大利粉、煙肉粒、青椒粒（一半）、紅椒粒（一半）、西蘭花放入調盆內，與番茄醬等拌勻後裝入焗飯盤中。

芝士焗飯

自然香滑，食材豐富。
如果你是芝士控，這餐
定會讓你欲罷不能。

📋 焗爐做法

工具：焗爐、焗飯盤、錫紙

1 在焗飯盤底部抹上一層牛油，鋪入米飯，將炒好的雞塊和蔬菜倒在米飯上，把刨碎的馬蘇里拉芝士撒在菜上，用錫紙封上。

2 焗爐預熱至 200℃，將焗飯盤推入焗爐內，烤 15 分鐘，待芝士融化即可。

📺 微波爐做法

工具：微波爐、焗飯盤、錫紙

1 在焗飯盤底部抹上一層牛油，鋪入米飯，將炒好的雞塊和蔬菜倒在米飯上，把刨碎的馬蘇里拉芝士撒在菜上，用錫紙封上。

2 將焗飯盤放進微波爐內，加熱 5 分鐘，待馬蘇里拉芝士融化即可。

材料

白米飯 150 克，雞腿 1 隻，馬鈴薯 100 克，洋蔥、紅蘿蔔、西蘭花、馬蘇里拉芝士各 75 克，淡奶油 60 克，蘑菇 4 朵。

調料

牛油、白蘭地各 2 茶匙，生粉 1 湯匙，橄欖油 2 湯匙，蠔油 3 湯匙。

準備工作

1 雞腿洗淨，瀝乾水分，切去骨後切成 1.5 厘米的方塊狀，放入調盆內，加入 1 湯匙蠔油、生粉及 1 湯匙橄欖油，拌勻醃製 30 分鐘。

2 洋蔥洗淨切圈；蘑菇切片；紅蘿蔔、馬鈴薯洗淨，去皮，切塊；西蘭花洗淨，切成小朵。

3 鍋內倒入橄欖油燒熱，放入牛油融化，下洋蔥炒出香味，依次下雞塊、蘑菇、紅蘿蔔、馬鈴薯炒勻。

4 倒入白蘭地及少許白開水，用中火燉 30 分鐘，下入西蘭花，用大火收汁，加入淡奶油、剩餘蠔油，離火。

⌐Tips

雞肉和蔬菜需要提前炒制，以便入味，不可省略。

在家也能享受野炊的滋味

幸福燒烤

作者
高傑

責任編輯
Catherine Tam、Karen Yim

美術設計
Carol

排版
劉葉青

出版者
萬里機構出版有限公司
香港鰂魚涌英皇道1065號東達中心1305室
電話：2564 7511
傳真：2565 5539
電郵：info@wanlibk.com
網址：http://www.wanlibk.com
　　　http://www.facebook.com/wanlibk

發行者
香港聯合書刊物流有限公司
香港新界大埔汀麗路36號
中華商務印刷大廈3字樓
電話：2150 2100
傳真：2407 3062
電郵：info@suplogistics.com.hk

承印者
中華商務彩色印刷有限公司
香港新界大埔汀麗路36號

出版日期
二零一九年九月第一次印刷

本書繁體版權經由中國輕工業出版社有限公司授權出版，
版權負責林淑玲lynn197@126.com。